Lecture Notes in Mathematics

Edited by A. Dold, Heidelberg and B. Eckmann, Zürich

T0242694

392

Géométrie Différentielle

Colloque, Santiago de Compostela Espagne 1972

Edité par Enrique Vidal

Springer-Verlag
Berlin · Heidelberg · New York 1974

Enrique Vidal
Universidad de Santiago de Compostela,
Santiago de Compostela/Espagne

AMS Subject Classifications (1970): 53-XX, 22-XX, 28-XX, 55-XX, 57-XX, 58-XX

ISBN 3-540-06797-3 Springer-Verlag Berlin · Heidelberg · New York
ISBN 0-387-06797-3 Springer-Verlag New York · Heidelberg · Berlin

Offsetdruck: Julius Beltz, Hemsbach/Bergstr.

Préface

Ce volume contient les conférences prononcées au Colloque de Géométrie Différentielle organisé par le Département de Géométrie et Topologie de l'Université de Santiago de Compostela (Espagne) du 18 au 21 octobre 1972. Le colloque a bénéficié du support du Ministère de l'Education et la Science, du Rectorat de l'Université de Santiago ainsi que de la Faculté des Sciences de cette université. A tous nous exprimons notre reconnaissance. Je remercie également tous les participants qui ont assisté aux discussions, présenté des conférences de grand intérêt et dont la générosité a facilité leur déplacement à Santiago. Merci encore à tous les professeurs du Département qui ont collaboré avec enthousiasme à l'organisation du Colloque; je voudrais signaler spécialement que le professeur A.M. Naveira a partagé avec moi la plupart des tâches de l'organisation, et remercier Mme. Peraza qui a dactylographié avec grand soin ce manuscrit. Finalement je remercie les éditeurs des "Lecture Notes in Mathematics" d'avoir accepté cette publication dans leur série.

Enrique Vidal

Santiago de Compostela 1972

Table des Matières

I. STRUCTURES PRESQUE-PRODUIT ET FEUILLETAGES

II. COURBURE

III. SOUSVARIETES, CALCUL DES VARIATIONS ET APPLICATIONS ARMONIQUES

IV. GROUPES ET ALGEBRES DE LIE

I. STRUCTURES PRESQUE-PRODUIT ET FEUILLETAGES

ON P-NORMAL ALMOST-PRODUCT STRUCTURES

Luis A. Cordero

INTRODUCTION

An structure, on an n-dimensional differentiable manifold V, given by a non-null tensor field f, of constant rank r, satisfying

$$f^3 + f = 0$$

is said an f-structure. If n = r the f-structure defines an almost-complex structure and r is even; if V is an orientable manifold and r = n - 1, the f-structure defines on V an almost-contact structure an r is odd.

If f defines an f-structure on V and $n-1 \geq r$, there exists on V two regular distributions D^1 and D^2, corresponding respectively to the projection operators $m = f^2+I$ and $l = -f^2$; f acts on D^1 as the zero tensor ($fm = mf = 0$) and induces on D^2 an almost-complex structure. Ishihara ({4}) constructs an almost-complex structure on the total space $D^1(V)$ of the vector bundle $\eta^1 = (D^1(V),\Pi^1,V)$, which is canonically defined from f and a linear connection ω^* on η^1. The f-structure f is said normal with respect to ω^* if that almost-complex structure is integrable.

Here, we explain a similar construction starting from an almost-product structure on the manifold V, which permits us to introduce the notion of P-normal almost-product structure; besides, two examples of manifolds admiting P-normal almost-product structures and an aplication to the theory of foliations are given.

From now on, all manifolds, tensor fields, and so forth are assumed to be differentiable of class C^∞.

§1.- *P-normal almost-product structure*

Let V be an n-dimensional differentiable manifold, endowed with an almost-product structure H, $H^2 = I$, P and Q being the projection operators of the structure, $D^1 = \operatorname{Im} P$, $D^2 = \operatorname{Im} Q$, $\dim D^1 = p$, $\dim D^2 = q$, $p+q = n$.

Let us consider the vector bundle of dimension p, $\eta^1 = (D^1(V),\Pi^1,V)$; a local trivialitation of η^1 is given as follows: let U be a local coordinate neighborhood of V; on U, the projectors P and Q are expressed by

$$P = p_i^j \partial_j \otimes dx^i$$

$$Q = q_i^j \partial_j \otimes dx^i$$

being $\partial_i = \partial/\partial x^i$ and $(x^1,\ldots,x^n)$ the coordinate functions on U. For each $x \in U$, we take n vectors $\{X_i\}$ defined by [1)]

$$X_a = p_a^i \partial_i$$

$$X_u = q_u^i \partial_i$$

where $\{X_a\}$ is a basis of D_x^1 and $\{X_u\}$ is a basis of D_x^2. We shall denote $\theta^i = \gamma_j^i dx^j$ the dual basis of $\{X_i\}$ Every point $\sigma \in (\Pi^1)^{-1}(U)$

---

1) The indices run over the rank as follows:

$1 \leq i,j,k,\ldots \leq n$

$1 \leq a,b,c,\ldots \leq p$

$p+1 \leq u,v,w,\ldots \leq n$

is uniquely expressed by $\sigma = \xi^a X_a$; then, the functions $(x^1,\dots x^n,\xi^1,\dots,\xi^p)$ form a system of coordinate functions on $(\pi^1)^{-1}(U)$ and , thus, $D^1(V)$ has an structure of (n+p)-dimensional differentiable manifold.

By identifying the tangent space at a point of the fibre of η^1 with the fibre itself, the tangent space $T_\sigma(D^1(V))$ of $D^1(V)$ at a point σ can be expressed by

$$T_\sigma(D^1(V)) = T_x(V) \oplus F_x = D_x^2 \oplus D_x^1 \oplus F_x$$

where $x = \pi^1(\sigma)$ and $T_x(V)$, F_x, D_x^2 and D_x^1 denote the tangent space of V, the fibre of $D^1(V)$, the tangent plane belonging to D^2 and the tangent plane belonging to D^1, respectively. Besides, there exists a natural identification

$$j : D_x^1 \longrightarrow F_x$$

Let ω^* be a linear connection on η^1. If $X \in T_x(V)$, we write X^h its horizontal lift with respect to ω^* to each point σ of $(\pi^1)^{-1}(x)$. Now, we define a linear operator F_σ applied to the tangent space $T_\sigma(D^1(V))$, at each point $\sigma \in D^1(V)$, by

$$F_\sigma(X^h) = 0$$
$$F_\sigma(Y^h) = j(Y)$$
$$F_\sigma(Z) = -(j^{-1}(Z))^h$$

where $Z \in D_x^2$, $Y \in D_x^1$, $Z \in F_x$ and $x = \pi^1(\sigma)$. It is easily verified that the operators F_σ defined in each tangent space $T_\sigma(D^1(V)$ determine an f-structure F of rank 2p on the manifold $D^1(V)$, i.e. that $F^3 + F = 0$.

If Γ^a_{ib} are the local components of ω^* in U, the tensor field of type (1,1) defined above is represented in $(\pi^1)^{-1}(U)$ by

$$F^{\alpha}_{\beta} = \begin{pmatrix} -p^j_a \Gamma^a_i & \gamma^a_i + p^j_b \Gamma^b_i \Gamma^a_j \\ \\ -p^j_b & p^i_b \Gamma^a_i \end{pmatrix} \qquad (*)$$

where $\Gamma^a_i = \Gamma^a_{ib}\xi^b$ and $\alpha, \beta, \ldots$ run over the set $\{1,\ldots,n,n+1,\ldots,n+p\}$.

THEOREM 1

If a differentiable manifold V admits an almost-product structure H, then there exists an f-structure F of rank 2p in the total space of the vector bundle η^1; given a linear connection ω^* on η^1, with local components Γ^a_{ib}, $F = (F^{\alpha}_{\beta})$ is determined by (*).

REMARK 1.-

A similar construction is possible on the total space of the vector bundle $\eta^2 = (D^2(V),\pi^2,V)$.

REMARK 2.-

Theorem 1 is similar to that one of Ishihara ({4}); if the almost-product structure is given by $H = I+2f^2$, f being an f-structure on the manifold V, then F is the almost-complex structure defined by Ishihara if we put $F_{\sigma}(X^h)=(fX)^h$, for each $X \in D^2_x$.

REMARK 3.-

If q=1 and the total space $D^1(V)$ of η^1 is an orientable manifold, we can assert the existence of an almost-contact structure over $D^1(V)$.

DEFINITION 1

The almost-product structure H is said P-normal with respect to ω^* if the f-structure F is integrable.

As it is well known, the f-structure F is integrable if

and only if the Nijenhuis tensor

$$N(X,Y) = [FX,FY] - F[X,FY] - F[FX,Y] + F^2[X,Y]$$

vanishes identically.

Then, the following theorem is proved:

THEOREM 2

A necessary and sufficient condition for an almost-product structure be P-normal with respect to ω^* is that the tensor fields S^i_{jk} and S^i vanish identically and the connection ω^* be of zero curvature.

There, the tensor fields S^i_{jk} and S^i are defined as follows; in a coordinate neighborhood U of V, S^i_{jk} is a tensor field of type (1,2) given by:

$$S^i_{jk} = (\partial_j \gamma^a_k - \partial_k \gamma^a_j) p^i_a - (\gamma^b_j \Gamma^a_{kb} - \gamma^b_k \Gamma^a_{jb}) p^i_a$$

and S^i is an $(\eta^{1*} \otimes \eta^{1*})$-valued tensor field of type (1,0) given by:

$$S^i = S^i_{ab} \theta^a \otimes \theta^b$$

where

$$S^i_{ab} = p^1_a \partial_1 p^i_b - p^1_b \partial_1 p^i_a - (p^1_a \Gamma^c_{1b} - p^1_b \Gamma^c_{1a}) p^i_c$$

η^{1*} being the dual of η^1.

§2.- *Examples*

Example 1.-

Let V be an n-dimensional differentiable manifold and

let us consider the trivial almost-product structure on V, given by H = I. Then, η^1 is exactly the tangent bundle of V; let ω^* be a linear connection on V. In this case, F is of rank 2n and, hence, defines an almost-complex structure on T(V).

From Theorem 2, and taking on account of the definition of S^i_{jk} and S^i, we obtain

THEOREM 3

Let V be a differentiable manifold and let ω^* be a linear connection on V. There exists an almost-complex structure F on the total space T(V) of the tangent bundle of V nad it is integrable if and only if ω^* is symmetric and of zero curvature.

Let us remark that this theorem is a well-known theorem of Dombrowski ({3}), but we get it by a different process.

Example 2.-

Let V be a Riemannian differentiable manifold, endowed with a foliation of codimension 1 with a bundle-metric, and let ∇ be the Levi-Civita's connection of the metric g. Then, ∇ induces a linear connection ω^* on the vector bundle η^1, the normal bundle of the foliation, in a canonical way.

Thus, we have

THEOREM 4

The almost-product structure H defined by the foliation and the metric of V, is P-normal with respect to ω^*.

§3.- *An application to the theory of foliations*

Let be V, H, η^1, ω^* and F as in §1. There appears an almost-product structure on $D^1(V)$, associated to the f-structure F, given by:

$$K = M - L$$

where

$$M = F^2 + I \ , \quad L = -F^2$$

Hence, we have two new vector bundles

$$\bar{\eta}^1 = (L(D^1(V)), \bar{\Pi}^1, D^1(V)), \quad \bar{\eta}^2 = (M(D^1(V)), \bar{\Pi}^2, D^1(V))$$

defined by L and M, respectively, and of dimension 2p and q.

Since

$$F^2L = -L$$

the vector bundle $\bar{\eta}^1$ is a complex vector bundle of complex dimension p.

Let $s_0 : V \longrightarrow D^1(V)$ be the zero section of η^1. Then, the following theorems are easily proved.

THEOREM 5

$(s_0)^* \bar{\eta}^1$ is isomorphic to $(\eta^1)^{\mathbb{C}} = \eta^1 \otimes_{\mathbb{R}} \mathbb{C}$

THEOREM 6

$(s_0)^* \bar{\eta}^2$ is isomorphic to η^2

Let be $\mathcal{F}$ a p-codimensional foliation on V and let D^2

be its corresponding regular distribution. Let us consider on V a Riemannian metric g, and take D^1 the distribution orthogonal to D^2; thus, n^1 is the normal bundle of $\mathcal{F}$.

Let ∇ be the Levi-Civita's connection of g and consider the second connection $\tilde{\nabla}$, ({5}), given by

$$\tilde{\nabla}_X Y = \nabla_X Y + \frac{1}{4}\left[(\nabla_{HY}H)X + H(\nabla_Y H)X + 2H(\nabla_X H)Y\right]$$

X,Y being arbitrary vector fields on V; $\tilde{\nabla}$ induces canonically a linear connection ω^* on n^1, and we have:

THEOREM 1

Let F *be the f-structure defined on* $D^1(V)$ *by using the linear connection* ω^*. *Then, the distribution defined on* $D^1(V)$ *by* M *is integrable.*

The proof of this theorem is immediate from the following Proposition, proved in ({2})

PROPOSITION 1

If F *is the f-structure defined in Theorem 1, the distribution defined by* M *on* $D^1(V)$ *is integrable if and only if* D^2 *is integrable and*

$$q^k_i q^\ell_j R^a_{k\ell b} = 0$$

where $R^a_{k\ell b}$ *is the curvature tensor of* ω^*.

REFERENCES

1.- BOTT, R.
On a topological obstruction to integrability. Actas Congreso Int. Niza, 1970.

2.- CORDERO, LUIS A.
P-normal almost-product structures. To appear.

3.- DOMBROWSKI, P.
On the geometry of the tangent bundle. J. Reine U. Angew. Math., 210, (1962), p. 73-88.

4.- ISHIHARA, S.
Normal f structure satisfying $f^3 + f = 0$. Kodai Math. Sem. Rep., 18, (1966), p. 36-47.

5.- VIDAL, E.
Sur les variétés à structure de presque-produit complexe avec métrique presque-feuilletée. C.R. Acad. Sc. Paris, t. 273, s. A, (1971), p. 1152-1155.

6.- WALKER, A.G.
Almost-product structure. Proc. of Symposium Pure Math. A.M.S., 3, (1961), p. 94-100.

7.- YANO, K.
On structure f satisfying $f^3 + f = 0$. Tech. Rep., n°2, June 20, 1961 , Univ. of Washington.

Departamento de Geometria y Topologia
Facultad de Ciencias de la
Universidad de Santiago de Compostela
ESPAÑA

FEUILLETAGES DE LIE

Claude Godbillon

Ceci est un bref rapport sur un travail récent de E. FÉDIDA [1].

1. Introduction

On désigne par $\mathfrak{g}$ une algèbre de Lie réelle de dimension q et par G un groupe de Lie connexe ayant $\mathfrak{g}$ pour algèbre de Lie.

Soit M une variété différentiable et soit $\omega : T(M) \longrightarrow \mathfrak{g}$ une forme différentielle de degré 1 sur M à valeurs dans $\mathfrak{g}$ ayant les propriétés suivantes :

i) $d\omega + \frac{1}{2}[\omega,\omega] = 0$ (condition de Maurer-Cartan) ;

ii) $\omega : T_x(M) \longrightarrow \mathfrak{g}$ est surjective pour tout $x \in M$.

Dans ces conditions ω détermine un feuilletage $\mathcal{F}$ de codimension q de M ; et on dira que $\mathcal{F}$ est un $\mathfrak{g}$-<u>feuilletage de Lie</u> de M.

<u>Exemples</u>.

i) La forme de Maurer-Cartan α de G détermine un $\mathfrak{g}$-feuilletage de Lie de G.

Plus généralement une forme de connexion plate sur un fibré principal E de groupe G détermine un $\mathfrak{g}$-feuilletage de Lie de E.

ii) Une forme de Pfaff fermée et sans singularité détermine un $\mathbb{R}$-feuilletage de Lie, où $\mathbb{R}$ est l'algèbre de Lie triviale de dimension 1.

2. Quelques propriétés des feuilletages de Lie

Soit Ω la forme de connexion sur le fibré principal trivial $M \times G$ égale à $\omega - \alpha$ sur $M \times \{1\}$. Cette forme détermine un $\mathfrak{g}$-feuilletage de Lie $\mathcal{G}$ de $M \times G$ ayant les propriétés suivantes :

i) $\mathcal{G}$ est invariant par les translations à droite de G ;

ii) $\mathcal{G}$ est transverse aux fibres $\{m\} \times G$, $m \in M$;

iii) $\mathcal{G}$ est transverse aux fibres $M \times \{g\}$, $g \in G$, et induit sur chacune de ces fibres le feuilletage $\mathcal{F}$;

iv) la projection $M \times G \longrightarrow G$ induit une submersion sur chaque feuille de $\mathcal{F}$;

v) la projection $M \times G \longrightarrow M$ induit un revêtement galoisien sur chaque feuille de $\mathcal{F}$. De plus, si $h : \pi_1(M) \longrightarrow G$ est l'homomorphisme d'holonomie de la connexion Ω, le groupe d'automorphismes de ce revêtement est isomorphe à l'image de h.

On en déduit :

Théorème. Soit $\mathcal{F}$ un $\mathfrak{g}$-feuilletage de Lie d'une variété M. Alors :

i) toutes les feuilles de $\mathcal{F}$ sont difféomorphes ;

ii) le groupe G opère transitivement sur l'espace des feuilles $M/\mathcal{F}$;

iii) le feuilletage $\mathcal{F}$ est sans holonomie.

Soit $\widetilde{M} \subset M \times G$ une feuille de $\mathcal{G}$ et soient $p : \widetilde{M} \longrightarrow M$ et $q : \widetilde{M} \longrightarrow G$ les projections de $\widetilde{M}$ sur M et G respectivement.

Proposition. Le feuilletage $\widetilde{\mathcal{F}} = p^* \mathcal{F}$ de $\widetilde{M}$ est le feuilletage simple déterminé par la submersion $q : \widetilde{M} \longrightarrow G$.

Théorème. Si M est compacte la projection $q : \widetilde{M} \longrightarrow G$ est une fibration localement triviale.

On vérifie en effet que $\mathcal{F}$ possède une métrique quasi-fibrée au sens de [4] telle que la métrique induite sur $\widetilde{M}$ (qui est quasi-fibrée et complète) se projette sur une métrique invariante sur G.

Corollaire. Si M est compacte le feuilletage $\mathcal{F}$ possède la propriété du prolongement des homotopies (au sens de [2]).

Soit $K \subset G$ l'image de l'homomorphisme d'holonomie h. Lorsque M est compacte on a :

Proposition. Pour que $\mathcal{F}$ possède une feuille fermée il faut et il suffit que K soit un sous-groupe fermé de G. S'il en est ainsi toutes les feuilles de $\mathcal{F}$ sont fermées et $\mathcal{F}$ détermine une fibration localement triviale de M sur G/K.

<u>Proposition. La projection</u> $q : M \longrightarrow G$ <u>détermine une fibration localement triviale de</u> M <u>sur</u> $M / \bar{K}$ <u>et chaque feuille de</u> $\mathcal{F}$ <u>est dense dans la fibre qui la contient.</u>

3. Problèmes d'existence

Un procédé classique de construction de $\mathfrak{g}$-feuilletages de Lie est le suivant : la donnée d'un homomorphisme de $\pi_1(M)$ dans G détermine un fibré principal $E \longrightarrow M$ de groupe G et une connexion plate sur E, donc un $\mathfrak{g}$-feuilletage de Lie de E.

Dans l'une des deux hypothèses ci dessous

i) $\pi_1(M)$ est un groupe libre,

ii) $\pi_1(M)$ est un groupe abélien libre et $H^*(G)$ est sans torsion,

Oniscik a montré qu'on obtenait ainsi un $\mathfrak{g}$-feuilletage du produit $M \times G$ [3]. Mais naturellement ce feuilletage induit en général sur M un $\mathfrak{g}$-feuilletage de Lie "avec singularités".

Terminons sur les deux problèmes suivants :

i) trouver des obstructions à l'existence d'un $\mathfrak{g}$-feuilletage de Lie sur une variété donnée (par exemple si $\mathfrak{g} = \mathbb{R}$ et si M est compacte on doit avoir $H^1(M, \mathbb{R}) \neq 0$) ;

ii) caractériser les variétés admettant un $\mathfrak{g}$-feuilletage de Lie (pour $\mathfrak{g} = \mathbb{R}$ les variétés compactes sont les fibrés sur S^1 [5]).

Claude GODBILLON

Institut de Recherche
Mathématique Avancée
Université Louis Pasteur
Strasbourg - France

REFERENCES

[1] E.FÉDIDA - Feuilletages de Lie, à paraître.

[2] C.GODBILLON - Feuilletages ayant la propriété du prolongement des homotopies, Ann. Inst. Fourier, 17 (1967).

[3] A.L. ONISCIK - Some concepts and applications of non-abelian cohomology theory, Trudy Mosk. Math. J. , 17 (1967).

[4] B.L. REINHART - Foliated manifolds with bundle-like metrics, Ann. of Math. , 69 (1959).

[5] D. TISCHLER - On fibering certain foliated manifolds over S^1 , Topology, 9 (1970).

ACTIONS DE GROUPES DE DIFFEOMORPHISMES DE {0,1}

Gilbert Hector

La classification des feuilletages de codimension un, de classe C^n, $n \in \overline{N} = N \ \{\infty,\omega\}$, sur une variété compacte, d'apres la nature de leurs feuilles (propres, localement denses, exceptionnelles) se ramène en partie à une classification analogue des relations d'equivalence associées à des actions de sous groupes dénombrables de $Diff_n^+(\{0,1\})$. (groupe des difféomorphismes croisants de classe C^n de $\{0,1\}$).

Dans cet exposé, après avoir rappellé en I une classification commode des relations d'equivalence ouvertes sur }0,1{ , nous signalerons èn II quelles sont, en fonction de la classe de diffèrentiabilité n, les classes de relations qui sont réalisables par des relations associées à des actions de sous-groupes dénombrables de type fini de $diff_n^+$(}0,1{), (resp. par la restriction à }0,1{ de relations associées à des actions de sous-groupes dénombrables de type fini de $Diff_n^+$ (}0,1{)). Ceci nous permettra d'enoncer en III quelques proprietés et conjectures relatives aux feuilletages de codimension 1.

I) RAPPELS

On repassit habituellement les trajectories d'une relation d'equivalence associée sur $]0,1[$ en trois classes (numerotées de 1 à 3):

1) Trajectories propres i.e. ouvertes dans leur adhérence;
2) trajectories localement denses;
3) trajectories exceptionnelles i.e. ni propres ni localement denses.

On peut alors classer les relations d'équivalence ouvertes sur $]0,1[$ en sept types symbolisés par les sous-ensembles non vides de $\{1,2,3\}$, de la façon suivante:

pour $A \subset \{1,2,3\}$, $A \neq \emptyset$, on dit qu'une relation ρ est de type A si pour tous $\alpha \in \{1,2,3\}$, on a $\alpha \in A$ si et seulement si ρ possede une trayectorie de classe α.

Exemple 1:

Soit G un sous-groupe abelien de type fini de $\mathrm{Diff}^+_n(\{0,1\})$.

Si $n \geq 1$ et s'il existe $g \in G$ tel que $g'(0) \neq 1$, la restriction à $]0,1[$ de la relation d'equivalence associée à l'action de G sur $\{0,1\}$ est de type $\{1\}$ ou $\{2\}$ (c.f.$\{10\}$).

Il en est de meme si $n \geq 2$ (cf $\{6\}$.).

Exemple 2:

Soit G un sous-groupe de $\mathrm{Diff}^+_2(\{0,1\})$. Si l'ensemble $\{\mathrm{Log}\ (g'(0));\ g \in G\}$ contient deux nombres rationnellement indépendants, la restriction à $]0,1[$ de la relation associée à l'action de G sur $[0,1]$ est de type $\{2\}$ d'après $\{9\}$.

Remarquons encore que R. Sacksteder a contruit dans $\{8\}$ un sous-groupe G de $\mathrm{Diff}^{+}_{\infty}(]0,1[)$ possédant des trajectoires exceptionnelles.

Par ailleurs, il semblait naturel de penser que si une relation ouverte ρ sur $]0,1[$ possède une trajectoire localement dense, il existe un ouvert saturé dans lequel toutes les trajectoires sont denses. Or il n'en est rien et on est amené à affiner la classification initiale en posant le probleme du mélange possible des feuilles de différentes classes.

De façon précise, pour A $\{1,2,3\}$, $A \neq \phi$, une relation ρ est dite de type $\hat{A}$ si

(i) ρ est de type A;

(ii) pour tout $\alpha \in A$, la réunion des trajectoires de classe α est dense dans $]0,1[$.

Cette nouvelle définition ne constitue plus une classification des relations d'equivalence ouvertes mais elle introduit quatre nouveaux types $\{1,2\}$, $\{1,3\}$, $\{2,3\}$, $\{1,2,3\}$ qui avec le type $\{3\}$ paraissent difficilement réalisables au moins par des actions de groupes de difféomorphismes de clase de différentiabilité suffisanment élévée.

II) *RELATIONS ASSOCIEES A DES ACTIONS DE GROUPES DE DIFFEOMORPHISMES DE]0,1[*

Dans ce paragraphe nous nous restreindrons aux relations associées à des actions de groupes sur [0,1].

Soient I (resp. $\overset{\circ}{I}$) l'intervalle [0,1] (resp.]0,1[);

G un sous-groupe dénombrable de type fini de $\mathrm{Diff}_0^+(\overset{\circ}{I})$;

$\tilde{G}$ le sous-groupe de $\mathrm{Diff}_0^+(I)$ ingendré par les prolongements à I des éléments de G.

Pour n ε N, la relation ρ_G associée à l'action de G sur $\overset{\circ}{I}$ est dite de classe C^n (resp. $\tilde{C}^n$) si G (resp. $\tilde{G}$) est un sous-groupe de $\mathrm{Diff}_n^+(\overset{\circ}{I})$ (resp. $\mathrm{Diff}_n^+(I)$).

Dans la suite, nous supposerons que les relations ρ_G n'ont pas de trayectoire finie (i.e. réduite à un point). Une telle relation possède toujours un ensemble fermé invariant minimal.

Les résultats annoncés dans l'introduction peuvent être resumés de la façon suivante:

i) Tous les types A et $\hat{A}$ sont réalisables par des relations ρ_G en classe $C^\circ = \tilde{C}^\circ$.

ii) Les types [1] et [2] sont rélisables par des relations ρ_G en classe $\tilde{C}^\omega$ (donc dans toutes les classes)

iii) Pour les autres types, les realisations possibles sont indiquées dans le tableau ci-dessous:

classe / type	C^{∞}	C^{ω}	$\tilde{C}^{\infty}$	$\tilde{C}^{\omega}$
$\{1,2\};\{1,3\}$	+	+	+	-
$\{2,3\};\{1,2,3\}$	+	-	+	-
$\{\widehat{1,2}\};\{\widehat{1,3}\}$	+	-	+	-
$\{\widehat{2,3}\},\{\widehat{1,2,3}\}$, $\{3\}$	+	-	?	-

où le signe + indique que le type correspondanta à la ligne est réalisable dans la classe correspondant à la colonne et inversement le signe - indique qu'il n'existe pas de telle réalisation.

Ce tableau apelle quelques commentaires:

1) Les divers exemples evoqués dans ce tableau sont construits explicitement dans {4}, leur construction utilise essentiellement l'exemple (4) de {1}.

2) Il est facile de construire une relations ρ_G de classe C^{ω} de type $\{1,2\}$. Pour $\{1,3\}$ on peut se raporter à {2} ou {4}.

3) Tous les signes -du tableau proviennent du lemme suivant que l'on trouvera dans {5}.

LEMME

Si G est un groupe denonbrable de difféomorphismes analytiques de $\{0,1\}$, *si G n'est pas abélien et a pour seuls points fixes 0 et 1, toutes les trajectoires de G autres que* $\{0\}$ *et* $\{1\}$ *sont denses dans* $\{0,1\}$.

(On remarquera que ce résultat reste valable pour des groupes dénombrables qui ne sont pas de type fini).

4) Le tableau comporte encore un point d'interrogation mais il sera probablement remplacé un jour par le signe - . En effet la conjecture suivant ferait raisonnable:

<u>*Conjeture 1:*</u>

Il n'existe pas de relations ρ_G de type $\{\widehat{2,3}\}$ $\{\widehat{1,2,3}\}$ on $\{3\}$ en classe $\tilde{C}^2$.

Remarquons qu'il existe des contre-exemples à cette conjecture pourvu qu'on abandonne l'hypothèse que le groupe G est de type fini.

III) APPLICATION AUX FEUILLETAGES

Si l'on définit pour les feuilletages de codimension 1 une classification analogue à celle donnée en §I, on peut construir à partir des exemples de §II des feuilletages de codimension 1 de la même classe et du même type soit dans R^3 soit sur certaines variétés compactes (pour plus de détails voir {4}).

En outre des énoncés évoqués en II derivent des énoncés relatifs aux feuilletages. Par exemple, le théorème de structure de 4 et la contecture 1 ont "presque" pour conséquence la

<u>*Conjecture 2*</u>:

Il n'existe pas de feuilletage de codimension 1 sur une variété compacte M, tangent au bord si $\partial M \neq$, qui soit de classe C^2 et de type {2,3}, {1,2,3} ou {3}.

Par contre on sait qu'il existe des tels feuilletages dans $\mathbb{R}^3$ ou en classe C^∞ sur des variétés compactes.

Par ailleurs, appellons auvert incompressible de type (i) (resp. (ii)) un ouvert saturé d'une variété compacte M feuilletée par tel que la restriction de à est une fibration sur S^1 (resp. toute feuille de est dense dans). Le théorème de structure {4} et les résultats de §II ont pour conséquence:

THEOREME

Si est un feuilletage de codimension 1 trans-

versalement orienté et analytique sur une variété compacte M, la réunion des ouverts incompressibles de type (i) et (ii) est dense dans M.

Cette proprieté il n'est plus vraie pour les feuilletages de classe C^2 (ni même C^∞),

Ont peut alors se demander si elle est générique?.

R E F E R E N C E S

1 G. HECTOR
Sur le type des feuilletages transverses de R^3. C.R.Acad.Sc.París, t.273, p. 810.

2 *Ouverts incompressibles et theoreme de Denjoy-Poincaré pour les feuilletages.* C.R.Acad.Sc.Paris, t. 274, p. 159.

3 *Ouverts incompressibles et structure des feuilletages de codimension 1.* C.R.Acad.Sc. de Paris, t. 274, p. 741.

4 *Sur un theoreme de structure des feuilletages de codimensión 1.* These, Strasbourg, 1972.

5 *Les feuilles exceptionnelles sont exceptionnelles dans les feuilletages analytiques (a paraitre).*

6 G. JOUBERT et R. MOUSSU
Diffeomorphismes contractants et application aux feuilletages (a paraitre).

7 N. KOPELL
Commutig diffeomorphisms. Proc.of Symp.in Pure Math., vol XIV, p. 165-184.

8 R. SACKSTEDER
On the existence of exceptional leave in foliations of codimension one. Ann.Inst.Fourier, 14 (2), p. 221-226.

9 *Foliations and pseudo-groups.* Amer.J.Math. 87 (1965) p. 79-102.

10 S. STERNBERG
Local C^n *transformations of the real line.* Duke Math.J., 24, 1957, p. 97-102.

STRUCTURES DE CONTACT EN CODIMENSION QUELCONQUE

R. Lutz

Une structure de contact (en codimension 1) sur une variété différentiable P de dimension impaire 2m+1 est une équation de Pfaff possédant au voisinage de chaque pointune section ω vérifiant la condition de contact $\omega\wedge[d\omega]^m \neq o$ en chaque point.

Si m est impair, une telle structure sur P implique l'orientabilité de P.

On peut aussi imposer à la structure d'être globalement représentée par une forme de contact ω.

L'origine de la notion est liée à l'étude des transformations de contact,en relation avec la forme de Cartan-Liouville(cf [2]).

La première étude approfondie des structures de contact est due à J.W.Gray [3]. Il met d'abord en forme les propriétés élémentaires d'une structure de contact:existence d'un modèle local $dz-\sum_1^m y_i dx_i$, et donc d'un atlas privilégié sur la variété sous-jacente P, réduction du groupe structural du fibré tangent au groupe unitaire (ce qui équivaut à l'existence d'un couple (ω,η) d'une 1-forme et d'une 2-forme tel que $\omega\wedge\eta^m\neq o$ en tout point de P; un tel couple est appelé presque-structure de contact).

Il obtient ainsi comme obstruction première à l'existence d'une structure de contact la troisième classe de Stiefel-Whitney de P.

En dehors de l'existence d'une structure (ou d'une forme) de contact, C.Loewner a posé le problème de la stabilité des structures de contact sur une même variété P : existe-t-il deux structures de contact sur P qui ne peuvent pas s' échanger par un automorphisme de P (i.e. $h^*\sigma=\sigma'$), c'est à dire qui soient géométriquement différentes. Une réponse partielle de J.W.Gray est la stabilité infinitésimale : si deux structures de contact sont suffisamment voisines (au sens de la C^1-topologie des espaces de sections du fibré projectif cotangent), il existe une isotopie h_t qui déforme la première en la seconde. (Voir aussi en [8] une démonstration plus simple de ce phénomène.

Cependant il n'y a pas stabilité générale; en effet sur toute variété compacte orientable de dimension 3 de revêtement universel S^3 , il existe une infinité de structures de contact deux à deux non échangeables.

(Voir [9] et [6],[7]).

Sur les variétés ouvertes , le théorème général de M.L.Gromov (voir par ex. [4]) permet de ramener l'existence d'une structure de contact à celle d'une presque-structure , ou si l'on préfère , d'une réduction du groupe structural du fibré tangent au groupe unitaire ;ce dernier problème est purement topologique .

Jusqu'en 1958 , les seuls exemples connus de structures de contact étaient , outre celles de Cartan-Liouville utilisées en mécanique analytique , les structures définies sur les sphères S^{2p+1} par les formes de contact $i^*(\Sigma x_j dy_j - y_j dx_j)$ où i est l'injection $S^{2p+1} \subset R^{2p+2}$.

W.M.Boothby et H.C.Wang ont alors construit et étudié de nouveaux exemples en utilisant un résultat de S.Kobayashi sur les connexions: <u>si B est une variété symplectique dont la 2-forme détermine une classe de cohomologie entière de B , il existe un fibré principal de groupe S^1,</u> $M \to B$ <u>et une connection sur ce fibré dont la forme ω est de contact</u>. [1]. (d'ailleurs le champ de vecteurs défini par $X \lrcorner \omega = 1$, $X \lrcorner d\omega = 0$ (voir [10]) engendre les translations à droite du fibré).

Une telle structure de contact est dite <u>régulière</u> ;les structures classiques sur les sphères S^{2p+1} sont régulières .

En codimension supérieure à 1 l'absence de motivation semble avoir écarté jusqu'ici les notions susceptibles de généraliser les structures de contact . L'objet de cet exposé est de proposer une telle généralisation , illustrée par quelques exmples.

<u>Définition</u>. <u>Une p-structure de contact sur une variété (différentiable)</u> M_{p+2m} <u>est un système de Pfaff σ de rang constant p , possédant au voisinage de chaque point une base</u> $\omega_1 \ldots \omega_p$ <u>telle que</u> :

$$\omega_1 \wedge \omega_2 \wedge \ldots \wedge \omega_p \wedge (\lambda_1 d\omega_1 + \lambda_2 d\omega_2 + \ldots + \lambda_p d\omega_p)^m_x \neq 0$$ <u>pour tout</u> $x \in M$ <u>et tout p-uple</u> $(\lambda_1 \lambda_2 \ldots \lambda_p)$ <u>de réels non tous nuls</u> .

A une telle structure σ est associé un champ de 2m-plans Σ. Il est clair que la condition ci-dessus est intrinsèque; c'est la condition de non dégénérescence la plus forte que l'on puisse imposer au tenseur de structure d'un système de Pfaff.

En pratique ,il est agréable d'avoir des exemples de p-structures de contact globalement représentées par des formes de Pfaff ω_i indépendantes en chaque point de M .

On se convainc aisément qu'il n'y a ici pour p>1 , ni modèle local , ni stabilité infinitésimale .

Pour p>1 , l'existence d'une p-structure de contact sur M_{p+2m} implique

$m=2k$ (car les polynomes homogènes réels de degré impair en $p>1$ variables ont des zéros non triviaux)

exemple pour $p=3$:

Soit S^{4k+3} la sphère euclidienne de R^{4k+4} muni de sa stucture d'espace vectoriel sur H (corps des quaternions). Soit Σ le champ de $4k$-plans sur S^{4k+3} orthogonal à la fibration de Hopf $S^{4k+3} \dashrightarrow P_k(H)$, dont les fibres sont les traces sur S^{4k+3} des droites projectives quaternioniennes de H^{k+1} .

On peut montrer que Σ est le champ de plans associé à une 3-structure de contact sur S^{4k+3}.

En fait , Σ définit une connexion sur la fibration de Hopf ; cet exemple est ainsi une généralisation naturelle de la 1-structure régulière sur S^{2p+1} liée à la fibration $S^{2p+1} \dashrightarrow P_p(C)$.

Cet exemple conduit à poser la définition suivante :

Définition: Soit G un groupe de Lie compact de dimension p , et M_{p+4k} une variété diff. munie d'une p-structure de contact σ .

σ est dite G-régulière ssi il existe une structure de fibré principal $M \xrightarrow{\Pi} B$ de groupe G dont les fibres soient transverses à Σ (champ de $4k$-plans associé à σ) et où l'action (à droite) de G sur M laisse Σ invariant.

Σ définit alors une connexion de forme $\omega=\sum_i \omega_i e_i$ (où les e_i forment une base de l'algèbre de Lie g de G), de forme de courbure $\Omega=\sum_i \Omega_i e_i$ ($\Omega=d\omega+[\omega,\omega]$) .Les formes de Pfaff ω_i représentent alors globalement σ et on a $\Omega_l=d\omega_l+\Sigma\gamma^l_{ij}\omega_i\wedge\omega_j$ où les γ^l_{ij} sont les constantes de structure de G .Ω est horizontale , aussi la condition de contact se traduit-elle par $[\lambda_1\Omega_1+\dots\dots+\lambda_p\Omega_p]^{2k}_x \neq o$ pour tout $x\in M$ et λ_i non tous nuls .

Soit $I^1(G)$ l'ensemble des formes linéaires sur g invariantes par ad_a pour tout $a\in G$. Dans la construction de Weil, si $f\in I^1(G)$, $f=\Sigma\lambda_i e_i^*$, la 2-forme $f(\Omega)=2\Sigma\lambda_i\Omega_i$ provient de la base i.e. $f(\Omega)=\Pi^*(\bar{f}(\Omega))$ de manière unique . La forme $\bar{f}(\Omega)$ est fermée et sa classe de cohomologie $w(f)$ dans $H^2(B,R)$ est la même pour toute les connexions sur le fibré $M \dashrightarrow B$.

La condition de contact implique donc $[f(\Omega)]_x^{2k}\neq o$ pour tout $x\in M$ et $f\neq o$ dans $I^1(G)$; d'où $[\bar{f}(\Omega)]^{2k}_{\Pi(x)}\neq o$ et la

<u>Proposition 1</u> : <u>s'il existe une p-structure de contact G-régulière sur M_{p+4k} avec une base compacte B</u> , <u>alors pour tout $f\in I^1(G)-\{o\}$</u> , <u>on a $[w(f)]^{2k}\neq o$ dans $H^{4k}(B,R)$.</u>

Ainsi , si $I^1(G)\neq\{o\}$, le fibré M---->B ne peut pas être trivial (sinon $w(f)=o$ pour tout $f\in I^1(G)$) .

Il serait intéressant de voir s'il existe un exemple de p-structure de contact régulière sur un produit BxS^3 !

<u>Cas d'un groupe abélien G.</u>

Dans ce cas G=tore T^p , $\mathfrak{g}=R^p$ et $I^1(G)=(R^p)^*$;les équations de structure sont $\Omega_i=d\omega_i$.

La forme Ω est horizontale et $R_a^*\Omega=\Omega$ car $ad_a=id$ pour tout $a\in G$. Il existe donc une unique 2-forme fermée $\bar{\Omega}=\Sigma\bar{\Omega}_i e_i$ sur B telle que $\Pi^*(\bar{\Omega}_i)=\Omega_i$ .D'après les résultats de Kobayashi [5] , étendus à T^p , $\bar{\Omega}_i$ est un cocycle <u>entier</u> sur B ;inversement , la donnée d'une forme $\bar{\Omega}$ sur B avec des cocycles entiers $\bar{\Omega}_i$ implique l'existence d'un fibré principal $M\overset{\Pi}{--->}B$ de groupe T^p et d'une connexion ω d'équation $d\omega=\Pi^*(\bar{\Omega})$ sur ce fibré .

La condition de contact pour une telle connexion équivaut à $[\Sigma\lambda_i\bar{\Omega}_i]_b^{2k}\neq o$ pour tout $b\in B$ et λ_i réels non tous nuls .

<u>Appelons p-structure symplectique entière sur B une collection de 2-formes fermées $\bar{\Omega}_i$ vérifiant les deux conditions ci-dessus .</u>

On a donc la

<u>Proposition 2</u> : <u>si B_{4k} est munie d'une p-structure symplectique entière $\bar{\Omega}=(\bar{\Omega}_1,\dots,\bar{\Omega}_p)$</u> , <u>il existe un fibré principal $M\overset{\Pi}{--->}B$ de groupe T^p et une connexion sur ce fibré dont la forme de courbure soit $\Pi^*(\bar{\Omega})$</u> , <u>qui détermine une p-structure de contact T^p-régulière sur M .</u>

Si B est compacte , M l'est évidemment aussi . On a ainsi une méthode pour construire des exemples , à condition de connaître des couples $(B,\bar{\Omega})$. Avant de donner de tels exemples , il convient d'étudier la situation algébrique associée en chaque point de la variété sous-jacente à une p-structure de contact;(en fait , on étudie les "presque-structures de contact" en un sens analogue au cas $p=1$).

Soit σ une telle structure sur M_{p+q}. Elle détermine en chaque $x\in M$ un q-plan Σ_x et un p-uple de 2-formes extérieures $(\alpha_1,\dots,\alpha_p)$ vérifiant la condition (1) suivante :

Le rang de toute combinaison linéaire des α_i , à coéfficients non tous nuls, est q (qui doit donc être pair).

Or , une 2-forme extérieure est déterminée , dans une base de $\Sigma_x \approx R^q$, par une matrice antisymétrique . Si A_i sont ainsi les matrices associées aux α_i , on a le

Lemme: la condition (1) équivaut à (2) : pour tout $u\in R^q-\{o\}$, les vecteurs $A_1u,\dots,A_pu$ sont indépendants .

En effet $(\Sigma\lambda_iA_i)u=o$ équivaut à $\Sigma\lambda_i\alpha_i(u,v)=o$ pour tout $v\in R^q$; cela signifie que u est élément du sous-espace associé à $\Sigma\lambda_i\alpha_i$, dont la codimension est le rang de cette forme (voir par ex.[2]) .

soit S^{q-1} la sphère unité euclidienne de R^q . Les vecteurs A_iu , pour $u\in S^{q-1}$, sont tangents à cette sphère car les A_i sont antisymétriques. D'après le théorème d'Adams [11] (bien trop fort dans notre cas), le nombre maximum de champs de vecteurs indépendants en tout point de S^{q-1} est égal au nombre de Hurwitz-Radon h(q-1) obtenu ainsi :

si $q=(2a+1)2^{c+4d}$ avec $a,c,d \geq o$ et $c<4$, on a $h(q-1)=2^c+8d-1$.

On en déduit la

Proposition 3 : s'il existe une (presque) p-structure de contact sur une variété de dimension $p+q$, on a $p\leq h(q-1)$.

Remarques: 1) La même condition est nécessaire à l'existence d'une p-structure symplectique sur une variété B_q .

2) On a $h(4k-1)\geq 3$, alors que $h(2m-1)=1$ si m est impair ; on retrouve la remarque de la page 2 .

Il reste à donner un exemple de p-structure de contact $(p>1)$ en dimension $p+4k$, pour tout $p\leq h(4k-1)$. Sur une variété ouverte , il suffit , d'après le théorème de Gromov déja cité , de produire des presque structures . Nous allons voir ci-dessous des exemples sur R^{p+4k} .

Les travaux de Hurwitz-Radon-Eckmann (pour un exposé en termes d'algèbres de Clifford voir [12]) montrent qu'il existe p=h(q-1) matrices carrées réelles A_i d'ordre q , antisymétriques , telles que les vecteurs A_1u ,......,A_pu forment un système orthonormé pour tout $u \in S^{q-1}$.

Si $A_s=(a^s_{ij})$ et si $(x_1 \ldots x_p y_1 \ldots y_q)$ est la base canonique de $(R^{p+q})^*$, posons $\bar{\omega}_s = \sum_{i,j} a^s_{ij} y_i dy_j$ pour s=1,...,p .

Alors , les formes $\omega_s = \bar{\omega}_s + dx_s$ définissent une p-structure de contact sur R^{p+q}.

Par ailleurs , les formes $d\bar{\omega}_s$ sur R^q vérifient la condition (2) et passent au quotient T^q en des cocycles entiers ; il en résulte la

Proposition 4 : sur T^q , il existe une p-structure symplectique entière pour tout $p \leq h(q-1)$.

On déduit des propositions 2 et 4 le

Théorème : pour tout $p \leq h(q-1)$ (où h est le nombre de Hurwitz-Radon) , il existe un fibré principal de base T^q muni d'une p-structure de contact T^p-régulière .

Pour terminer , on peut poser le problème suivant :

Etant donnée une variété B_q , quel est le plus grand entier p tel qu'il existe une p-structure symplectique (éventuellement entière) sur B ?

BIBLIOGRAPHIE

1.W.M.BOOTHBY and H.C.WANG, On contact manifolds.Ann.of Math. 68, 1858,721-734.

2.C.GODBILLON , Géomé trie différentielle et mécanique analytique ; Hermann , Paris 1969 .

3.J.W.GRAY , Some global properties of contact structures. Ann. of Math. 69,2, 1959, 421-450.

4.A.HAEFLIGER , Lectures on the theorem of Gromov. Proc. of Liverpool Singularities Symposium II ,Lecture Notes 209, 1971 .

5.S.KOBAYASHI, Principal fiber bundles whith the 1-dimensional toroidal group . TÔHOKU Math. J. 8,1956,29-45.

6.R.LUTZ, Sur l'existence de certaines formes différentielles remarquables sur la sphère S^3.. C.R.A.S. Paris,270,1970,1597-1599.

7.R.LUTZ, Sur quelques propriétés des formes différentielles en dimension trois , Thèse Stasbourg 1971 .

8.J.MARTINET , Sur les singularités des formes différentielles extérieures.
Ann.Inst.Fourier , Grenoble ,20, 95-178 .
9. " " " Formes de contact sur les variétés de dimension trois .
Proc.of Liverpool Singularities Symposium II,Lecture notes 209, 1971.
10.G.REEB ,Sur certaines propriétés topologiques des trajectoires des systèmes dynamiques , Mémoires de l'Académie Royale de Belgique, Sér.Sci. 2 ,27,1952.
11.F.ADAMS , Vector fields on spheres , Ann. of Math. , 72 ,1960,20-104 .
12.D.HUSEMOLLER ,Fibre Bundles , McGraw-Hill , New-York , 1966 .

Institut des Sciences Exactes et Appliquées
C.U.H.R. Mulhouse
et I.R.M.A. Strasbourg

CLASSES CARACTERISTIQUES DES SYSTEMES DE PFAFF

Jean Martinet

Introduction

Soit E un système de Pfaff sur une variété différentiable M. Le théorème d'intégrabilité de Bott [1] fournit une condition portant sur l'anneau caractéristique de E, nécessaire à la complète intégrabilité de E.

Le problème bien naturel suivant se pose alors: n'y a-t-il pas, plus généralement, des relations entre le comportement global des invariants locaux des systèmes de Pfaff (tels qu'ils sont définis par exemple par E. Cartan dans [3]), et les classes caractéristiques de ce système ?

C'est un exemple d'une telle relation qui est donné ici:

Si la classe (au sens d'E. Cartan) d'un système de Pfaff est partout inférieure ou égale à un entier c, alors l'anneau de Pontriaguine de ce système est nul en degrés supérieurs à 2c.

Cette relation permet d'ébaucher une théorie d'invariants globaux (classes caractéristiques secondaires) analogue à celle des feuilletages (Godbillon-Vey [4] , Bott [2] , Haefliger [5] , etc..), pour des classes de systèmes de Pfaff vérifiant certaines hypothèses de dégénérescence.

1. Classe d'un système de Pfaff

On appelle système de Pfaff sur une variété M tout sous-fibré E du fibré cotangent T*M; le rang de E est la dimension de sa fibre. On notera, par rapport à la terminologie habituelle, que E s'identifie canoniquement au fibré "normal" à la distribution tangente à M définie comme noyau de E.

Soit $(\omega_1,\dots,\omega_r,\dots,\omega_n)$ une base locale des formes de Pfaff sur M (n = dim M), choisie de telle façon que $\omega_1,\dots,\omega_r$ constituent une base de l'espace des sections (locales) du système de Pfaff E envisagé (r = rang de E).

Considérons les différentielles extérieures des formes $\omega_1, \dots, \omega_r$; on a, pour des fonctions $f_i^{j,k}$ bien déterminées:

$$(1) \qquad d\omega_i = \sum_{j,k=1}^{n} f_i^{j,k} \omega_j \wedge \omega_k \qquad i = 1,\dots,r$$

Dans (1), mettons ω_1 en facteur; il vient:

$$d\omega_i = \mu_i^1 \wedge \omega_1 + \sum_{j,k=2}^{n} f_i^{j,k} \omega_j \wedge \omega_k$$

En itérant le procédé, on arrive à

$$(2) \qquad d\omega_i = \sum_{j=1}^{r} \mu_i^j \wedge \omega_j + \sum_{j,k=r+1}^{n} f_i^{j,k} \omega_j \wedge \omega_k \qquad i = 1,\dots,r$$

On posera

$$(3) \qquad \delta\omega_i = \sum_{j,k=r+1}^{n} f_i^{j,k} \omega_j \wedge \omega_k \qquad i = 1,\dots,r$$

Les formes $\delta\omega_i$ ainsi obtenues permettent de "mesurer" la distance à l'intégrabilité du système de Pfaff considéré (par exemple, si E est complètement intégrable, on a $\delta\omega_i = 0$ pour tout $i = 1,\dots,r$).

Plus précisément, désignons, en chaque point x de M, par $S_i(x)$ le sous-espace de l'espace vectoriel F_x engendré par $\omega_{r+1}(x), \dots, \omega_n(x)$, défini comme le <u>support</u> de la forme $\delta\omega_i(x) \in \overset{2}{\wedge} F_x$; c'est le plus petit sous espace de F_x tel que $\delta\omega_i(x) \in \overset{2}{\wedge} S_i(x) \subset \overset{2}{\wedge} F_x$. Soit maintenant S_x l'espace <u>somme</u> des $S_i(x)$; soit p la dimension de S_x ; alors, le nombre $c = r + p$ s'appelle la <u>classe</u> de E en x (cf [3]). Le système d'équations linéaires constitué par le sous espace

$$E_x + S_x \subset T_x^* M$$

s'appelle le <u>système caractéristique</u> de E au point x. On notera qu'en général la classe d'un système de Pfaff n'est pas constante, c'est à dire que le système caractéristique présente des singularités.

La définition donnée ci-dessus de la classe et du système caractéristique est trivialement équivalente à la suivante: soient $X_{r+1}, \dots, X_n$ des champs de vecteurs (locaux) annulant les formes sections de E, et linéairement indépendants en tout point; alors le système

$$\omega_1, \dots, \omega_n, \ (X_j \lrcorner \, d\omega_i) \quad i = 1,\dots,r; \ j = r+1,\dots, n$$

engendre en chaque point le système caractéristique de E, et son rang est la classe de E.

Exemple. Si E est de rang 1, il est défini localement par une équation de Pfaff

$$\omega = 0$$

Un tel système est toujours de classe impaire; la classe est $2p + 1$ en un point x si, en ce point, on a

$$\omega \wedge d\omega^p \neq 0 \quad \text{et} \quad \omega \wedge d\omega^{p+1} = 0$$

2. Une généralisation du théorème d'intégrabilité de Bott.

Considérons les formules (2). Les formes μ_i^j $i,j = 1,\dots,r$ peuvent être interprétées comme les coefficients, dans le repère mobile $(\omega_1,\dots,\omega_r)$, d'une connexion (locale) sur le fibré E.

On démontre aisément le

Lemme. Les formes de courbure

$$R_i^j = d\mu_i^j - \sum_{k=1}^{r} \mu_i^k \wedge \mu_k^j$$

appartiennent, en tout point x, à l'idéal engendré dans l'algèbre extérieure ΛT_x^*M par le système caractéristique de E en x.

En fait, il n'est pas difficile de définir intrinséquement et globalement la notion de connexion adaptée à un système de Pfaff E; ces connexions s'obtiennent essentiellement en recollant des connexions locales du type défini ci-dessus; dans le cas où E est intégrable, on retrouve les connexions de Bott.

Une propriété fondamentale de ces connexions est qu'elles vérifient également le lemme précédent.

Il en résulte immédiatement le

Théorème. Soit E un système de Pfaff sur une variété M. Si la classe de E est en tout point inférieure ou égale à un nombre c, alors

$$\mathrm{Pont}^k(E) = 0 \qquad \text{pour} \quad k > 2c.$$

Dans cet énoncé, $\mathrm{Pont}^k(E)$ désigne la partie de l'anneau de Pontriaguine de E qui se trouve dans l'espace $H^k(M,R)$.

Le détail de ce qui précède paraîtra dans [6].

Application. Considérons l'espace projectif complexe $P_{2n+1}(\mathbb{C})$ comme variété réelle de dimension 4n+2; considérons sur cette variété un système de Pfaff E de rang deux, et orientable (on sait qu'il en existe, puisque $P_{2n+1}(\mathbb{C})$ admet une fibration naturelle sur l'espace projectif quaternonien $P_n(H)$, dont la fibre est $P_1(\mathbb{C}) = S^2$); comme il est bien connu, la classe d'Euler $\chi(E)$ est non nulle, et les puissances $p_1^k(E) = \chi(E)^{2k}$ de la première classe de Pontriaguine de E sont non nulles tant que $4k \leqslant 4n+2$.

Il en résulte, d'après le théorème précédent, que la classe (au sens de Cartan) d'un tel système de Pfaff ne peut être partout strictement inférieure à 2n.

3. Classes caractéristiques secondaires de certains systèmes de Pfaff.

Soit Gl(r) le groupe linéaire en r variables. On désigne par W_r l'algèbre de Weil associée à ce groupe (cf [8] ou [5]); pour tout entier $c \geqslant r$, on désigne par I_c l'idéal de W_r engendré par la partie symétrique de degré 2(c+1) de W_r (c'est à dire par les polynômes de degré c+1 sur l'algèbre de Lie de Gl(r)); il est bien connu que I_c est stable par la différentielle de W_r. On désignera par $W_{r,c}$ l'algèbre différentielle quotient de W_r par I_c.

Soit maintenant E un système de Pfaff de rang r sur une variété M. Soit $P \longrightarrow M$ le fibré principal des repères de E (fibré principal à droite de groupe Gl(r)). Toute connexion sur E s'identifie de façon naturelle à un homomorphisme (cf [8])

$$h : W_r \longrightarrow \Omega(P)$$

où $\Omega(P)$ désigne l'algèbre des formes différentielles extérieures sur P, h étant équivariant pour les actions canoniques de Gl(r) sur W_r et $\Omega(P)$.

Supposons que le système de Pfaff E est en tout point de classe inférieure ou égale à c.

Alors, les principales propriétés des connexions adaptées à E, telles qu'elles n'ont pas été définies en 1., sont résumées dans le

Théorème. Pour toute connexion adaptée à E, l'idéal $I_c \subset W_r$ est contenu dans le noyau de l'homomorphisme de Weil h correspondant. De plus, l'homomorphisme induit en cohomologie

$$h^* : H^*(W_{r,c}) \longrightarrow H^*(P)$$

est indépendant de la connexion adaptée considérée.

La première partie de cet énoncé n'est qu'une reformulation du théorème 1; la seconde partie se démontre par un argument homotopique analogue à ceux de [2].

L'homomorphisme "caractéristique" h^* fournit donc des classes caractéristiques secondaires de système E, dans la cohomologie de P. On obtiendra des classes dans la base M en utilisant, au lieu de $W_{r,c}$, la sous algèbre des éléments basiques par rapport au groupe orthogonal O_r, comme Haefliger le fait dans [5].

Exemple. Envisageons le cas d'une équation de Pfaff de classe maximale 2p +1 (c'est à dire r = 1, c = 2p+1); on montre facilement que

$$H^{4p+3}(W_{1,2p+1}) = \mathbb{R} \quad \text{et} \quad H^i(W_{1,2p+1}) = 0 \quad \text{pour} \quad i \neq 4p+3.$$

Il en résulte qu'à toute équation de Pfaff de classe maximale 2p+1 est attaché un invariant dans $H^{4p+3}(M,R)$. C'est l'invariant qui a été décrit dans [7], d'une façon "naïve". Mentionnons que le problème reste ouvert de trouver un exemple de forme de Pfaff de classe maximale 3 dont l'invariant correspondant, de degré 7, soit non nul.

3. Remarques et problèmes

1) Si le système de Pfaff E est de classe constante c sur la variété M, le système caractéristique de E (qui vérifie toujours la condition de complète intégrabilité de Frobenius) définit un feuilletage $\mathcal{F}$ de codimension c sur M. Il serait intéressant de trouver quelles sont les relations entre les classes caractéristiques secondaires de E et celles du feuille-

tage $\mathcal{F}$.

Par exemple, dans le cas où E est une équation de Pfaff, l'invariant décrit à la fin du § 2 est la classe caractéristique de <u>degré maximum</u> de $\mathcal{F}$.

2) La remarque précédente ne doit pas laisser croire que la théorie de classes caractéristiques issue du théorème 2 soit un cas particulier de la théorie correspondant aux feuilletages; comme on l'a dit au début, le système caractéristique présente en général des singularités, et il ne semble pas y avoir de "bonne structure transverse" à E. (voir l'exemple décrit dans [7]).

3) Dans le cas des feuilletages, la cohomologie "universelle" $H^*(W_{r,r})$ est, d'après le Théorème de Gelfand-Fuchs [9] , canoniquement isomorphe à la cohomologie de l'algèbre de Lie des champs de vecteurs formels en r variables; il serait très intéressant de trouver une interprétation analogue de $H^*(W_{r,c})$ pour tout c supérieur à r; actuellement, je n'ai aucune indication à ce sujet, même dans le cas où r = 1.

REFERENCES

[1] BOTT - On a topological obstruction to integrability. Proc. Int. Congress, Nice, 1970

[2] BOTT - Lectures on characteristic classes and foliations. Springer Lecture Notes in Math, vol 279 (1972), pp 1-94

[3] E. CARTAN - Les systèmes différentiels extérieurs et leurs applications géométriques, Hermann, Paris, 1945

[4] GODBILLON-VEY - Un invariant des feuilletages de codimension un, C.R. Acad. Sc. Paris, Juin 1971

[5] HAEFLIGER - Sur les classes caractéristiques des feuilletages. Séminaire Bourbaki, 24e année, 1971/72, n° 412

[6] MARTINET - Classes caractéristiques des systèmes de Pfaff. A paraître

[7] MARTINET-REEB - Sur une généralisation des structures feuilletées de codimension un. A paraître in Proceedings of the

Salvador Symposium (1971)

[8] H. CARTAN - Notions d'algèbre différentielle. Colloque de Topologie, Bruxelles (1950), 15-27

[9] GELFAND-FUCHS - The cohomology of the Lie algebra of formal vector fields. Izv. Akad. Nauk SSSR, 34 (1970), 322-337

SUR LES CLASSES EXOTIQUES DES FEUILLETAGES

Robert Moussu

Soient F un feuilletage d'une variété M, T_F (resp. ν_F) le fibré tangent (resp. normal) de F. S'il existe un feuilletage F_1 de M tel que T_F est un sous-fibré de T_{F_1} on dira que F se prolonge en F_1.

Dans la recherche d'une interprétation géométrique des classes exotiques d'un feuilletage F, on peut se demander si certaines d'entre elles ne représentent pas une obstruction à prolonger F. Je parlerai des quelques résultats que j'ai obtenus sur cette conjecture seulement à la fin de cet exposé.

Plus particulièrement on peut se poser la question suivante : soient F_1 et F_2 deux feuilletages transverses d'une variété M et $F = F_1 \cap F_2$ leur feuilletage intersection ; comment les classes exotiques de F_1 et F_2 déterminent-elles celles de F? J'ai résolu ce problème avec D. Tischler et G. Joubert [3] et le but de ce papier est essentiellement d'exposer les résultats que nous avons obtenus.

1) Cas général

Rappelons tout d'abord les résultats et les notations de [2] que nous utiliserons. Si G est un pseudo-groupe de Lie de $\mathbb{R}^n$ on désigne par F(G) la catégorie des G-feuilletages, par $\underline{G}$ l'algèbre de Lie de G, par K le compact maximal de G, par $H^*(\underline{G},K)$ l'algèbre de cohomologie des formes K-basiques sur G et par $\hat{A}(J_0^\infty G)$ l'algèbre des formes G-invariantes sur $J_0^\infty G$. A un G-feuilletage F d'une variété M correspond un morphisme $\Theta(F) = \hat{A}(J_0^\infty G) \longrightarrow A(J_0^\infty F)$ compatible avec l'action de K. Les classes exotiques de F sont les éléments de l'image du morphisme d'algèbre $\varphi_G(F) : H^*(\underline{G},K) \longrightarrow H^*(M)$ obtenu par les compositions :

$$H^*(\underline{G},K) \xrightarrow{\sim} H^*(\hat{A}(J_0^\infty G),K) \xrightarrow{\Theta^*(F)} H^*(A(J_0^\infty F),K) \xrightarrow{\sim} H^*(M).$$

est fonctoriel (si $f : M' \longrightarrow M$ est transverse à F, $\varphi_G(f^{-1}(F)) = f^* \circ \varphi_G(F)$).

Soient n_i , $i = 1,2$, deux entiers et $n = n_1 + n_2$. On note G_{n_i} et G_n respectivement les pseudo-groupes de tous les difféomorphismes de $\mathbb{R}^{n_i}$ et $\mathbb{R}^n$. Soit F_i , $i = 1,2$, un G_{n_i}-feuilletage d'une variété M_i défini par un ensemble maximal de submersions $f_{U_i} : U_i \longrightarrow \mathbb{R}^{n_i}$, les U_i étant des ouverts de M_i. Sur la variété $M_1 \times M_2$ les submersions $f_{U_1} \times f_{U_2}$ définissent un $G_{n_1} \times G_{n_2}$ - feuilletage $F_1 \times F_2$ qui est aussi un G_n-feuilletage. Le compact maximal de $G_{n_1} \times G_{n_2}$ étant $O_{n_1} \times O_{n_2}$ on a la factorisation ([2]) :

$$\varphi_{n_1+n_2}(F_1 \times F_2) = \varphi_{n_1,n_2}(F_1 \times F_2) \circ J^{*}_{n_1,n_2}$$

où $J^{*}_{n_1,n_2} : H^{*}(\underline{G}(n_1+n_2), O_{n_1+n_2}) \longrightarrow H^{*}(\underline{G}_{n_1} \times \underline{G}_{n_2}, O_{n_1} \times O_{n_2})$

est le morphisme induit par l'inclusion $J_{n_1,n_2} : G_{n_1} \times G_{n_2} \hookrightarrow G_{n_1+n_2}$ et $\varphi_n = \varphi_{G_n}$, $\varphi_{n_1,n_2} = \varphi_{G_{n_1} \times G_{n_2}}$. On se propose d'étudier comment $\varphi_{n_1+n_2}$ est déterminé par φ_{n_1} et φ_{n_2}.

Lemme : Le diagramme suivant est commutatif :

$$\begin{array}{ccc}
H^{*}(\underline{G}_{n_1} \times \underline{G}_{n_2}, O_{n_1} \times O_{n_2}) & \xleftarrow{\;k\;} & H^{*}(\underline{G}_{n_1}, O_{n_1}) \otimes H^{*}(\underline{G}_{n_2}, O_{n_2}) \\
\varphi_{n_1,n_2}(F_1 \times F_2) \downarrow & & \downarrow \varphi_{n_1}(F_1) \otimes \varphi_{n_2}(F_2) \\
H^{*}(M_1 \times M_2) & \xleftarrow{\;k'\;} & H^{*}(M_1) \otimes H^{*}(M_2)
\end{array}$$

Les flèches horizontales k et k' désignant les isomorphismes correspondants à la formule de Künneth.

D'après la définition des morphismes $\varphi^{*}_{G/}$ il suffit de vérifier la commutativité d'un diagramme au niveau des morphismes θ^{*} pour démontrer ce lemme. En faisant les identifications correspondant aux isomorphismes k et k' on obtient le théorème suivant :

THEOREME 1 : *Soient F_i, $i = 1,2$, deux G_{n_i}-feuilletages et $F_1 \times F_2$ le $G_{n_1+n_2}$-feuilletage produit. Alors on a la factorisation suivante :*

$$(1) \qquad \varphi_{n_1+n_2}(F_1 \times F_2) = (\varphi_{n_1}(F_1) \otimes \varphi_{n_2}(F_2)) \circ J^{*}_{n_1,n_2}$$

Si F_1 et F_2 sont deux feuilletages transverses d'une variété $M = M_1 = M_2$ le $G_{n_1+n_2}$-feuilletage $F_1 \cap F_2$ est l'image réciproque de $F_1 \times F_2$ par l'application diagonale $\Delta : M \longrightarrow M \times M$. La fonctorialité des morphismes φ_n implique la factorisation suivante qui répond à la question posée dans l'introduction :

$$(1')\quad \varphi_{n_1+n_2}(F_1 \cap F_2) = \Delta^* \circ (\varphi_{n_1}(F_1) \otimes \varphi_{n_2}(F_2)) \circ J^*_{n_1,n_2}$$

2) Cas des feuilletages à fibré normal trivialisé

Soit $F^t(G_n)$ la catégorie des G_n-feuilletages (F,t) dont le fibré normal est muni d'une trivialisation $t : \nu_F \longrightarrow \mathbb{R}^n$. A un tel feuilletage (F,t) d'une variété M correspond un morphisme : $\psi_n(F,t) : H^*(\underline{G}_n) \longrightarrow H^*(M)$ qui est le composé des morphismes suivants :

$$H^*(\underline{G}_n) \xrightarrow{\sim} H^*(\hat{A}(J^\infty_o G)) \xrightarrow{\theta^*(F)} H^*(A(J^\infty_o (F,t))) \xrightarrow{\sim} H^*(M)$$

Supposons que (F_i,t_i), $i = 1,2$; soit un G_{n_i} - feuilletage dont le fibré normal est muni de la trivialisation t_i. Alors le fibré normal du $G_{n_1+n_2}$ feuilletage $F_1 \times F_2$ est muni de la trivialisation $t_1 \times t_2$. On montre de la même façon que dans le cas général le théorème suivant :

THEOREME 2 : Soit (F_i,t_i) , $i = 1,2$, un G_{n_i}-feuilletage dont le fibré normal est trivialisé. Alors on a la factorisation :

$$(2)\quad \psi_{n_1+n_2}(F_1 \times F_2, t_1 \times t_2) = (\psi_{n_1}(F_1,t_1) \otimes \psi_{n_2}(F_2,t_2)) \circ \bar{J}^*_{n_1,n_2}$$

où $\bar{J}^*_{n_1,n_2} : H^*(\underline{G}_{n_1+n_2}) \longrightarrow H^*(\underline{G}_{n_1}) \otimes H^*(\underline{G}_{n_2})$ est induit par J_{n_1,n_2}.

Si F_1 et F_2 sont deux feuilletages transverses de $M_1 = M_2 = M$ on a :

$$(2')\quad \psi_{n_1+n_2}(F_1 \cap F_2, t_1 \times t_2) = \Delta^* \circ (\psi_{n_1}(F_1,t_1) \otimes \psi_{n_2}(F_2,t_2)) \circ \bar{J}^*_{n_1,n_2}$$

La factorisation (2) (resp.(2')) , la formule de Künneth et les résultats de Gelfand-Fucks impliquent que l'image de $\psi_{n_1+n_2}(F_1 \times F_2, t_1 \times t_2)$ (resp. $\psi_{n_1+n_2}(F_1 \cap F_2, t_1 \times T_2)$ ne contient aucun terme de degré $2(n_1+n_2) + 1$ différent de zéro. On en déduit le résultat suivant déjà démontré par Sandow dans [4] .

Corollaire 1 : Soient (F_i,t_i), $i = 1,2$ deux G_{n_i}-feuilletages trans- verses . La classe $gv(F_1 \cap F_2)$ de Godbillon-Vey du $G_{n_1+n_2}$-feuilletage intersection F_1 F_2 est nulle.

<u>Corollaire 2 : Soient (F_i, t_i), $(i = 1,2,\ldots n)$ des G_1-feuilletages transverses d'une variété M et (F,t) leur G_n-feuilletage intersection. Alors l'image de $\psi_n(F,t)$ ne possède pas de terme de degré strictement positif.</u>

En effet, le résultat est vrai pour $n = 2$ puisque $H^*(\underline{G}_2)$ ne possède que des termes de degré 0,5,7,8 et que le degré d'un élément de l'image de $\overline{J}^*_{1,1}$ est un multiple de 3. Une induction simple permet ensuite de conclure.

Rappelons une autre construction du morphisme $\psi_n(F,t)$ associé à un G_n-feuilletage (F,t) d'une variété M. A la trivialisation t de ν_F correspondent les matrices de 1-formes :

$$\omega = (\omega_i) \; ; \quad \theta = (\theta_i^j) \qquad \text{avec} \qquad d\omega = -\theta \wedge \omega$$

où ω définit (F,t). Soient $\overline{\theta} = (\overline{\theta}_i^j)$ et $\overline{\Omega} = (\overline{\Omega}_i^j)$ les matrices qui représentent les bases canoniques de $A^1(g\ell(n))$ et $S^1(g\ell(n))$. Le morphisme de $W(g\ell(n))$ (l'algèbre de Weil de $g\ell(n)$) dans $A(M)$ qui applique $\overline{\theta}$ sur θ et $\overline{\Omega}$ sur

$\Omega = \theta.\theta + d\theta$ se factorise à travers un morphisme de $\widehat{W}(g\ell(n))$ (l'algèbre de Weil de $g\ell(n)$ tronquée) dans $A(M)$. En identifiant $H^*(\widehat{W}(g\ell(n)))$ avec $H^*(\underline{G}_n)$ ([1]), ce morphisme induit $\psi_n(F,t)$ au niveau de la cohomologie. Avec cette identification le morphisme $\overline{J}^*_{n_1,n_2}$ qui intervient dans les factorisations (2) et (2') est alors le morphisme :

$$\overline{J}^*_{n_1,n_2} : H^*(\widehat{W}(g\ell(n_1+n_2))) \longrightarrow H^*(\widehat{W}(g\ell(n_1))) \otimes H^*(W(g\ell(n_2)))$$

Il correspond à l'inclusion $J_{n_1,n_2} : g\ell(n_1) \times g\ell(n_2) \hookrightarrow g\ell(n_1+n_2)$. Rappelons que $\widehat{W}(g\ell(n))$ à la même cohomologie que sa sous-algèbre $E(u_1,\ldots,u_n) \otimes R(c_1,\ldots,c_n)/I(n)$ avec $c_i = \mathrm{Tr}\ \overline{\Omega}^i$, $u_i = h_n(c_i)$; h_n désignant une homotopie de complexes de chaines (obtenue par intégration) qui permet de montrer que $W(g\ell(n))$ est acyclique, u_i est une combinaison linéaire de termes du type $\mathrm{Tr}(\overline{\theta}^{\alpha_1}.\overline{\Omega}^{\beta_1}\ldots\ldots\overline{\Omega}^{\beta_p})$ où $\alpha_i, \beta_i \geqslant 0$.

Soient $n_1+n_2 = n$, $\overline{\theta}_k$ et $\overline{\Omega}_k$, $k = 1,2$, les matrices correspondants aux générateurs de $W(g\ell(n_k))$; notons :

$$c'_i = \mathrm{Tr}(\overline{\Omega}_1^{\,i}) \; , \quad c''_i = \mathrm{Tr}(\overline{\Omega}_2^{\,i}), \; u'_i = h_{n_1}(c'_i), \; u''_i = h_{n_2}(c''_i)$$

La définition de $\bar{J}^{*}_{n_1,n_2}$ implique :

$$\bar{J}^{*}_{n_1,n_2}(c_i) = c'_i + c''_i \quad , \quad \bar{J}^{*}_{n_2,n_2}(u_i) = u'_i + u''_i$$

Vey a montré [5] que les éléments $U_I.C_J = u_{i_1}\ldots u_{i_p}.c_{j_1}\ldots c_{j_q}$, tels que les multiindices $I = (i_1,\ldots,i_p)$, $J = (j_1,\ldots,j_q)$ vérifient $i_1 + |J| > n$, forment un système de générateurs de $H^{*}(\hat{W}(g\ell(n)))$.

<u>Proposition :</u> <u>Soit $U_I.C_J$ un "générateur de Vey" et A l'ensemble des couples de 2 multiindices $\{(I',J'),(I'',J'')\}$ tels que : $((I' \cup I''),(J' \cup J''))=(I,J)$ et $i'_1 + |J'| > n'$, $i''_1 + |J''| > n''$. Alors on a</u>

$$\underline{\bar{J}^{*}_{n_1,n_2}(U_I.C_J) = \sum_A \pm U'_{I'}\, C'_{J'}\, U''_{J''}\, C''_{J''}}$$

Les factorisations 2(resp 2') permettent de déduire de cette proposition que certaines classes caractéristiques des feuilletages produits (resp. intersections) sont nulles.

Donnons deux exemples.

1. <u>Si $n_1 = 1$, $n_2 = 2$</u>, tous les "générateurs de Vey" ont pour image 0 par $\bar{J}^{*}_{n_1,n_2}$ sauf $u_2c_2 \longrightarrow u''_2c''_2$ et $u_1u_2.c_1c_2 \longrightarrow u'_1c'_1.u''_2c''_2$.

2. <u>Si $n_1 = n_2 = 2$</u>, tous les "générateurs de Vey" ont pour image 0 par $\bar{J}^{*}_{n_1,n_2}$ sauf $u_1u_2c_2^{\,2} \longrightarrow 2(u'_1c'_2.u''_2c''_2 - u'_2c'_2.u''_1c''_2)$ et $u_1u_2c_1^{\,2}c_2 \longrightarrow u'_1c'_1{}^2.u''_2c''_2 - u'_2c'_2.u''_1c''_1{}^2$

Je vais maintenant donner quelques résultats sur le problème du prolongement

Soit (F,t) un feuilletage de codimension n dont le fibré normal est trivialisé. Supposons que F se prolonge en F_1 de codimension $n_1 = n-1$. Son fibré normal ν_{F_1} est muni de la trivialisation induite par t. Alors

$$\Psi_n(F,t)\,(U_i \cdot C_J) = 0 \text{ si } |J| = n \quad \text{et} \quad U_i = u_{i_1}\cdots u_n$$

On en déduit que toutes les classes exotiques de (F,t) de degré supérieur à $n^2 + 2n - 3$ sont nulles. Par exemple si n = 2, une classe non nulle de F est nécessairement de degré 5.

Plus généralement si (F,t) se prolonge en cascade, c'est à dire s'il existe sur M des feuilletages F_k pour $k = 0,1,\dots,n-1$ tels que $F_o = F$ et F_k de codimension n-k se prolonge en F_{k+1} pour $k = 0,1,\dots,n-2$ dès que : $|J| > p+1 - i_1$. C'est le cas par exemple lorsque F est défini par une action localement libre de R^N.

En fait l'étude des classes exotiques des feuilletages (F,t) de codimension n qui se prolongent en des feuilletages (F_1,t_1) de codimension n_1 est celle du morphisme

$$J_n^{n_1 *} : H^*(\underline{G}_n) \longrightarrow H^*(\underline{G}_n^{n_1})$$

où $J_n^{n_1}$ désigne l'inclusion dans G_n du pseudo-groupe $G_n^{n_1}$ des difféomorphismes locaux f de $R^n = R^{n_1} \times R^{n-n_1}$ du type $f(x,y) = (f_1(x),f_2(x,y))$, f_1 désignant un élément de G_{n_1}.

B I B L I O G R A P H I E

1 GELFAND-FUCHS : Cohomologie of the Lie Algebra of formal vector field ITVESTIA Serie Math. 34 (1970) p.322-377

2 HAEFLIGER : Sur les classes caractéristiques des feuilletages. Séminaire BOURBAKI n° 412 Juin 1972

3 JOUBERT - TISCHLER - MOUSSU : Compte Rendus Acad. Sciences - T. 275 (17 juillet 1972).

4 SONDOW : Notes multigraphiées.

5 VEY : Notes multigraphiées.

A PROPOS DE L'EQUATION (DE PAINLEVE) $y'' = 6y^2 + x$

G. Reeb

INTRODUCTION

Le présent exposé, qui tient fort mal les promesses du titre, concerne les trois équations différentielles fameuses:

(1) $y' = a(x)y^2 + b(x)y + c(x)$ — Riccati

(2) $y'^2 = (1-y^2)(1-k^2y^2)$ — Fonctions Elliptiques

(3) $y'' = 6y^2 + x$ — Painlevé.

Nous étudions ces équations différentielles dans le champ complexe; en particulier nous supposons que les fonctions $a(x)$, $b(x)$, $c(x)$ sont des fonctions holomorphes dans le plan complexe $\mathbb{C}$ tout entier. Ces équations différentielles jouissent de la propriété remarquable (mais bien connue) suivante:

THEOREME

Les solutions (maximales) d'une équations différentielle (1) (2) ou (3) sont des fonctions méromorphes dans le plan complexe. (Ces solutions sont donc en particulier des fonctions uniformes).

Briot et Bouquet ont mis ce théorème à la base de leur très beau traité sur les fonctions elliptiques. Il semble utile de rappeler ici une démonstration fort simple du théorème dans le cas des équations (1) et (2) en suivant les calculs proposés par Madame Sec dans le cas de l'équation (2) et en utilisant un théorème bien connu de Ch. Ehresmann. Ensuite, dans le paragraphe, nous donnerons quelques commentaires sur la méthode par la quelle Painlevé a étudié l'équation (3); nous croyons que la méthode de Painlevé doit être reprise par les géomètres à la lumière des progrès récent de la théorie des variétés analytiques complexes; l'auteur par contre se sent bien incapable d'un tel travail.

Signalons enfin -sans donner de précisions autres- que le problème de la recherche des équations différentielles du premier ou du deuxième ordre dont les solutions sont des fonctions méromorphes dans $\mathbb{C}$ tout entier, met en évidence le role prévilegié des équations (1) (2) et (3).

1. Etude des équations (1) et (2)

Le changement de fonction inconnue: $*y = 1/Y$ et la considération des deux équations (1) et (1)' qui se correspondent par $*$:

(1) $\quad y' = ay^2 + by + c$

(1)' $\quad -Y' = a + bY + cY^2$

mettent en évidence, dans le produit $P_1(\mathbb{C})_{y,Y} \times \mathbb{C}_x$

un feuilletage, de dimension réelle deux, transverses aux fibres compactes. Un théorème T de Ch. Ehresmann, établit alors que la provection : $P_1(\mathbb{C}) \times \mathbb{C} \longrightarrow \mathbb{C}$ définit chaque feuille comme revètement de $\mathbb{C}$; d'où le théorème.

Dans le cas de l'équation (2) il convient de considérer les changements de fonctions inconnues:

$$* \quad \begin{matrix} y = 1/Y \\ p = -P/Y^2 \end{matrix} \qquad ** \quad \begin{matrix} y = y \\ p = 1/p_1 \end{matrix} \qquad *** \quad \begin{matrix} Y = Y \\ p = 1/P_1 \end{matrix}$$

et les deux systèmes qui se correspondent par * (Les transformations ** et *** peuvent etre ignorées):

$$I \quad \begin{matrix} F(p,y) \equiv p^2-(1-y^2)(1-k^2y^2) = 0 \\ \Omega \equiv 1/y \; dF \quad \wedge (dy-pdx) \end{matrix}$$

$$I' \quad \begin{matrix} F'(P,Y) \equiv P^2-(Y^2-1)(Y^2-k^2) = 0 \\ \Omega' \equiv 1/Y \; dF' \quad (dY-Pdx) \end{matrix}$$

(Noter que Ω, Ω' sont parfaitement définis, malgré le facteur 1/y ou 1/Y, et que Ω et Ω' ne s'annulent jamais; la deux forme Ω, ou Ω' définit un champ holomorphe dans la variété $\Gamma_X \mathbb{C}$, où Γ est la courbe d'équation F= 0, ou F'= 0).

Ces systèmes I et I' définissent dans le produit x $\mathbb{C}$ un feuilletage de dimension deux transverse aux fibres compactes Γ, d'où le théorème, par application de T.

2. *Remarques sur la methode de Painlevé*

Un théorème de Painlevé sur la nature transcendente de la dépendance des solutions de (3) des constantes d'intégration montre -à posteriori- qu'il est vain d'espérer une démonstration analogue aux précédents. A titre d'exemple la transformation $y = 1/Y$, $z = 1/Z$ effectuée sur le systeme (3)' équivalent à (3)

$$(3)' \quad \begin{aligned} y' &= z \\ z' &= 6y^2+x \end{aligned}$$

Conduit au systeme:

$$\begin{aligned} -Y'Z &= Y^2 \\ -Z'Y^2 &= 6Z^2+x+xY^2Z^2 \end{aligned}$$

et fait apparaître les points singuliers $Z = Y = 0$.

Painlevé effectue la transformation curieux (4)

$$(4) \quad \begin{aligned} y &= u^{-2} \\ z &= -2u^{-3}-1/2\ xu\ -1/2\ u^2\ +vu^3 \end{aligned}$$

ob tenant le système différentiel remarquable:

$$(5) \quad \begin{aligned} u' &= 1+1/4\ xu^4+1/4\ u^5-1/2\ vu^6 \\ v' &= 1/5\ x^2u+3/8\ xu^2-xvu^3+u^3/4\ -5/4\ vu^4+3/2\ vu^5 \end{aligned}$$

Cette transformation réalise l'éclatement du point $Y = Z = 0$ et fait apparaître des poles pour des solutions de (3) {pour $u = 0$, v quelconque}. Mais cette transformation (4) ne réalise pas une compactification de l'espace (y,z) {le point $v = \infty$, $u = 0$ échappe aux calculs faits}. Painlevé achève sa démonstration par des considerations, assez délicats d'analyse. A notre avis l'étude géometrique de (4) reste à faire.

BIBLIOGRAPHIE

Oeuvres de P. Painlevé, A paraitre.

HOLONOMY INVARIANTS FOR FRAMED FOLIATIONS

Bruce L. Reinhart

Recently, a number of new invariants for foliated manifolds have been found by Godbillon and Vey [2] and by Bott and Haefliger [1]. The methods employed by these authors leave it unclear how their invariants are related to the geometric properties of the foliation. One problem is to relate them to the usual differential geometric invariants of the leaves, considered as submanifolds. Some progress has been made on this problem by Reinhart and Wood [4]. Another problem is to relate them to the holonomy of the individual leaves. In this paper, we shall introduce some new invariants, related to the linear holonomy of the leaves, but defined by procedures closely related to those used for the global invariants. We give some examples and preliminary results, from which the broad outlines of future developments can be seen. The full theory remains to be worked out in later papers, however.

1. Definitions. Let us consider a smooth (C^∞) manifold M, with a smooth foliation $\mathcal{F}$ of codimension q with trivial normal bundle. Then there exists a global basis $\omega^1,\cdots,\omega^q$ for the forms annihilated by the foliation, and there exist 1-forms ω^i_j and ω^i_{jk} such that

$$(1)\quad d\omega^i = \sum_{j=1}^{q} \omega^j\wedge\omega^i_j$$

$$(2)\quad d\omega^i_j = \sum_{k=1}^{q} \{\omega^k_j\wedge\omega^i_k + \omega^k\wedge\omega^i_{jk}\}.$$

If we restrict to an individual leaf, both sides of the first equation vanish, while the second equation becomes

$$(3) \quad d\omega_j^i = \sum_{k=1}^{q} \omega_j^k \wedge \omega_k^i \ .$$

Since this has the form of the Maurer-Cartan equations for the general linear group of dimension q, it can be used to define a homomorphism from the cohomology of the full linear Lie algebra into the cohomology of the leaf with real coefficients. The cohomology algebra of the full linear algebra is an exterior algebra with one generator in each odd dimension. As generators, we may take

$$\sigma_{2\mu-1} = \sum_{i,j,k,\cdots,n=1}^{q} \omega_i^j \wedge \omega_j^k \wedge \cdots \wedge \omega_n^i$$

where the number of factors in each term is $2\mu-1$ and $0 \leq \mu \leq q$. Interpreting the ω_i^j as those occurring in equation (3), we obtain closed forms $\sigma_\mu(L)$ on each leaf L. The form $\sigma_1(L)$ is well-known [3, pp. 115-117]: its cohomology class depends only upon the foliation, and the integral along a closed curve is the logarithm of the determinant of the linear holonomy along the curve. Moreover, the Godbillon-Vey invariant [2] is the cohomology class of the form $\sigma_1 \wedge (d\sigma_1)^q$, where ω_i^j is now interpreted as the form in equation (1). This is possible because with this interpretation, $\sigma_1 \wedge (d\sigma_1)^q$ is a form defined and closed on all of M, and its cohomology class on M depends only on the foliation. In general, the cohomology class defined by $\sigma_{2\mu-1}(L)$ on each leaf certainly depends only upon the homotopy class of the frame, considered as a section of the principal normal bundle. (This may be proved by noting that for a given frame, the restriction of ω_i^j to a leaf is uniquely determined, and that a homotopy of frames may be regarded as a frame for the foliation $\mathcal{F} \times I$ on $M \times I$). In the remainder of this paper, we shall study σ_3 in codimension 2, as the first step toward establishing a general theory of these new holonomy invariants.

2. General theory in codimension 2. Let us henceforth restrict ourselves to foliations of codimension 2. Then it is easily seen that

$$\sigma_1 = \omega_1^1 + \omega_2^2$$

$$\sigma_3 = 3(\omega_1^1 - \omega_2^2) \wedge \omega_1^2 \wedge \omega_2^1 .$$

Since $\sigma_1(L)$ is closed, it may be thought of as defining an induced singular foliation of codimension 1 on each leaf. For $q = 1$, this induced foliation is closely related to the Godbillon-Vey invariant, as can be seen in the paper of Reinhart and Wood [4]. It is easily seen that the restrictions to each leaf of the forms ω_i^j satisfy

$$d\omega_1^2 = (\omega_1^1 - \omega_2^2) \wedge \omega_1^2$$

$$d\omega_2^1 = -(\omega_1^1 - \omega_2^2) \wedge \omega_2^1$$

$$d(\omega_1^1 - \omega_2^2) = 2\omega_1^2 \wedge \omega_2^1 .$$

These formulas say that on each leaf we have a pair of singular foliations related like the Anosov foliations on the tangent circle bundle of a surface of constant negative curvature. Because of the sign difference between the first two formulas, if a curve lies in the intersection of the two foliations and has contracting linear holonomy for one, it must have expanding linear holonomy for the other. Furthermore, if $\sigma_3(L)$ is nonzero at a point, then in the neighborhood of this point the two induced foliations are nonsingular, and the holonomy integrand $\omega_1^1-\omega_2^2$ will be nonzero for some arc in the intersection of the two foliations.

Remark. If ω^1 defines a foliation of codimension 1 and the frame ω^1,ω^2 a foliation of codimension 2, then $\omega_2^1 = 0$ and hence also $\sigma_3 = 0$. Thus, if the cohomology class of $\sigma_3(L)$ is nonzero for some L, the given foliation cannot be tangent to a foliation of codimension 1 in such a way that the frame arising from the pair is homotopic to the given frame.

Let us now consider the form

$$\tilde{\sigma}_3 = 2\sum_{i,j,k=1}^{q} \omega_i^j\wedge\omega_j^k\wedge\omega_k^i - 3\sum_{i,j=1}^{q} d\omega_i^j\wedge\omega_j^i .$$

$\tilde{\sigma}_3 - \sigma_3$ lies in the ideal generated by ω^1 and ω^2 in the ring of differential forms on M, so $\tilde{\sigma}_3(L) = \sigma_3(L)$. $\tilde{\sigma}_3$ has the additional property that $d\tilde{\sigma}_3$ lies in the square of that ideal. Since the cube of that ideal is zero, each of the following forms on M is closed:

$$\sigma_1 \wedge d\sigma_1 \wedge d\sigma_1$$

$$\sigma_1 \wedge d\tilde{\sigma}_3$$

$$\sigma_3 \wedge d\tilde{\sigma}_3$$

$$\sigma_1 \wedge \tilde{\sigma}_3 \wedge d\sigma_1 \wedge d\sigma_1$$

$$\sigma_1 \wedge \tilde{\sigma}_3 \wedge d\tilde{\sigma}_3 \ .$$

Moreover, the cohomology class of each depends only upon the homotopy class of the frame (by the same argument used before). These in fact are the exotic classes of Bott and Haefliger [1], though we shall not attempt to prove that fact here.

3. A family of examples. The considerations of the preceding section suggest using compact quotients of $SL(2;\mathbb{R})$ to construct examples. We first note that there is a basis α,β,γ for the Maurer-Cartan forms on this group satisfying

$$\begin{aligned} d\alpha &= \gamma\wedge\alpha \\ d\beta &= -\gamma\wedge\beta \\ d\gamma &= 2k\ell\alpha\wedge\beta \end{aligned}$$

where k,ℓ are arbitrary nonzero real constants. Passing to a quotient by a discrete uniform subgroup, we get a compact manifold M^3 and differential forms α,β,γ satisfying these same equations. Let ϕ be any closed form on M^3, and let (x,y) be coordinates in $\mathbb{R}^2$. Then in $M^3 \times \mathbb{R}^2$ take

$$\omega^1 = dx + \frac{1}{2}x(\phi+\gamma) + ky\beta$$

$$\omega^2 = dy + \ell x\alpha + \frac{1}{2}y(\phi-\gamma)$$

$$\omega_1^1 = \frac{1}{2}(\phi+\gamma) \qquad \omega_2^1 = k\beta$$

$$\omega_1^2 = \ell\alpha \qquad \omega_2^2 = \frac{1}{2}(\phi-\gamma) .$$

It follows that $\sigma_1 = \phi$, so $\sigma_1(M^3\times\{0\})$ can belong to any desired class in $H^1(M\times\{0\};\mathbb{R})$. Also, $\sigma_3 = 3k\ell\alpha\wedge\beta\wedge\gamma$, so $\sigma_3(M\times\{0\})$ belongs to any nonzero class in $H^3(M\times\{0\};\mathbb{R})$. In particular, σ_1 and σ_3 are independent of each other. Also if C is a curve on $M^3\times\{0\}$ lying in the intersection of the two induced foliations, then the logarithm of the linear holonomy in the surface $y = 0$ is given by $\frac{1}{2}\int_C(\phi+\gamma)$, while that in the surface $x = 0$ is given by $\frac{1}{2}\int_C(\phi-\gamma)$. Thus, the nonvanishing of σ_3 is related to the fact that the linear holonomy is different in the space $y = 0$ from what it is in the space $x = 0$.

REFERENCES

1. R. Bott and A. Haefliger, On the characteristic classes of Γ-foliations, Bull. Amer. Math. Soc., to appear.

2. C. Godbillon and J. Vey, Un invariant des feuilletages de codimension 1, Comptes Rendus Acad. Sci., Paris 273(1971), 92-95.

3. G. Reeb, Sur certaines propriétés topologiques des variétés feuilletées, Herman, Paris, 1952.

4. B. Reinhart and J. Wood, A metric formula for the Godbillon-Vey invariant for foliations, Proc. Amer. Math. Soc., to appear.

PHENOMENES DE STABILITE ET D'INSTABILITE DANS LES FEUILLETAGES

R. Roussarie

Si V est une variété compacte, de classe $\mathcal{C}^{\infty}$, on désignera par $\mathcal{F}^{q}(V)$ l'espace des feuilletages de codimension q et de classe $\mathcal{C}^{\infty}$ de V, muni de la topologie de la convergence uniforme $\mathcal{C}^{\infty}$ des champs de plans de codimension q. (on identifie chaque feuilletage avec le champ des plans tangents aux feuilles).

On introduit la relation d'équivalence suivante sur l'espace $\mathcal{F}^{q}(V)$:

Deux feuilletages $\mathcal{F}$ et $\mathcal{F}'$ sont dit topologiquement conjugués, s'il existe un homéomorphisme h envoyant les feuilles de $\mathcal{F}$ sur les feuilles de $\mathcal{F}'$.

(Cette relation coïncide avec la relation usuelle d'équivalence structurelle lorsque les feuilletages sont formés par les orbites d'actions d'un groupe de Lie).

A la relation de conjugaison est associée une notion de stabilité :

Définition : Un feuilletage $\mathcal{F}$ est dit (structurellement) stable s'il existe un voisinage $\mathcal{U}$ de $\mathcal{F}$ dans $\mathcal{F}^{q}(V)$ tel que tout feuilletage $\mathcal{F}'$ de $\mathcal{U}$ soit topologiquement conjugué à $\mathcal{F}$ par un homéomorphisme $h(\mathcal{F}')$ dépendant continuement de $\mathcal{F}'$ avec : $h(\mathcal{F}) = Id$.

Le but de cet article est de mettre en évidence quelques phénomènes de stabilité et d'instabilité de feuilletages, de nature très différente de ceux se produisant pour les difféomorphismes et les champs de vecteurs (voir [6]). Ainsi, les théorèmes de stabilité de Reeb [3] peuvent être considérés comme des propriétés de stabilité particulières aux feuilletages de dimension supérieure ou égale à deux :

Le théorème de stabilité globale, seul utilisé ci-dessous affirme que si une feuille d'un feuilletage $\mathcal{F}$ de codimension 1 est compacte et simplement connexe, alors toutes les autres feuilles sont homéomorphes à cette feuille, et que si $\mathcal{F}'$ est un feuilletage suffisamment proche de $\mathcal{F}$, alors $\mathcal{F}'$ est conjugué à $\mathcal{F}$.

On montre plus loin comment utiliser ce théorème pour déterminer par exemple les feuilletages stables de codimension 1, de la variété $S^2 \times S^1$. Un autre phénomène particulier aux feuilletages de dimension plus grande que deux est l'absence éventuelle de tout feuilletage stable sur une variété donnée : c'est le cas pour la sphère S^3 comme on le verra plus loin.

La rareté des feuilletages stables nous a conduit, dans le dernier paragraphe, à introduire la propriété de stabilité des composantes intrinsèques pour les feuilletages de codimension 1. Le résultat obtenu est plus encourageant puisque génériquement les composantes intrinsèques sont stables, et pourrait être le point de départ pour la définition d'une stratification naturelle de l'espace $\mathcal{F}'^1$ (V), analogue à la stratification de l'espace des fonctions réelles définies sur V.

On trouvera des résultats plus détaillés dans une publication ultérieure de H. ROSENBERG et de l'AUTEUR.

1. <u>L'instabilité des feuilletages de S^3</u>

On sait que toute variété compacte possède des champs de vecteurs stables [5] . Par contre, il n'en est plus de même pour les feuilletages et la topologie même de la variété peut s'opposer à l'existence de feuilletages stables comme le montre le résultat suivant (dû à R. ROSEMBERG et D. WEIL).

<u>Théorème 1</u> : <u>Aucun feuilletage de codimension 1 de la sphère S^3 n'est stable</u>.

Avant d'indiquer la démonstration de ce théorème, on rappelle qu'une composante de Reeb d'un feuilletage de dimension 2 et codimension 1 est une sous-variété feuilletée difféomorphe au tore solide $D^2 \times S^1$ munie d'un feuilletage dont une des feuilles est le bord $\partial D^2 \times S^1$ et dont toutes les autres feuilles sont planes. Si τ est une telle composante de Reeb, on désigne par N (τ) un voisinage de la sous-variété τ isotope à τ , dont le bord est transverse au feuilletage et qui ne contient qu'une seule feuille compacte $\partial \tau$ (Un tel voisinage n'existe que si $\partial \tau$ est isolée parmi les feuilles compactes).

Si la trace du feuilletage sur le bord de N (τ) $\approx D^2 \times S^1$ est formée de cercles isotopes aux cercles $\partial D^2 \times \{\theta\}$, $\theta \in S^1$, on peut remplacer le feuilletage de N (τ) par un feuilletage par des disques isotopes aux disques $D^2 \times \{\theta\}$, $\theta \in S^1$: on aura ainsi effacé la composante de Reeb. Soient α et β les classes d'homotopie des lacets $\partial D^2 \times \{\theta\}$ et $\{p\} \times S^1$ ($\theta \in S^1$ et $p \in \partial D^2$), et $H(\alpha)$, $H(\beta)$ les germes d'holonomie correspondants au voisinage de $\partial \mathcal{C}$; la composante de Reeb $\mathcal{C}$ est effaçable, en particulier lorsque le germe $H(\beta)$ n'est pas tangent à l'infini, à l'identité, à l'origine.

Si de plus, la dérivée de $H(\beta)$ est différente de 1, on dira que la composante $\mathcal{C}$ est hyperbolique.

Inversement, si γ est un lacet simple transverse au feuilletage, de fibré normal trivial, on peut introduire une composante de Reeb $\mathcal{C}$ le long de γ en remplaçant le feuilletage par disques d'un voisinage tubulaire de γ par un feuilletage $N(\mathcal{C})$: il s'agit de l'opération de tourbillonnement le long de γ. [3].

Démonstration du théorème 1

Le théorème est conséquence du fait que tout feuilletage de S^3 contient une feuille torique T dont tous les germes d'holonomie sont tangents à l'infini, à l'identité, à l'origine.

(On dira que la feuille T a un ordre de contact infini avec le feuilletage).

En effet, dans le cas contraire le feuilletage $\mathcal{F}$ ne posséderait qu'un nombre fini de feuilles compactes, ayant toutes un ordre de contact fini avec le feuilletage. Il est bien connu qu'un feuilletage de S^3 contient toujours au moins une composante de Reeb (Théorème de Novikov [2]).

Par hypothèse, son bord aurait un contact fini avec le feuilletage, donc, comme il est dit plus haut, cette composante serait effaçable. Cette opération d'effacement ayant pour effet de dimininuer strictement le nombre des feuilles compactes de $\mathcal{F}$, la répétition de même argument permettrait d'obtenir un feuilletage de S^3 sans composante de Reeb, ce qui contredirait le théorème de Novikov. Donc le feuilletage $\mathcal{F}$ possède des feuilles toriques ayant un ordre de contact infini avec le feuilletage.

Or il est facile de vérifier qu'un feuilletage $\mathcal{F}$ de codimension 1 d'une variété compacte, contenant des feuilles compactes d'ordre de contact infini, n'est pas stable : en effet, si Σ désigne l'ensemble réunion des feuilles compactes et si Σ est d'intérieur vide, on peut approcher $\mathcal{F}$ par un feuilletage $\mathcal{F}'$ construit en ajoutant une bande de feuilles compactes le long d'une feuille de $\mathcal{F}$ d'ordre de contact infini.

Inversement, si int. $\Sigma \neq \emptyset$, Σ contient des bandes de feuilles compactes que l'on peut faire disparaitre par une $\mathcal{C}^\infty$- perturbation arbitraire.

Remarque 1 :

On peut répéter le raisonnement ci-dessus pour chaque variété à laquelle s'applique le théorème de Novikov. par exemple à la somme connexe de deux copies $S^2 \times S^1$.

Remarque 2 : On peut élargir l'étude de la stabilité aux Γ structures : en effet, il est facile de définir des notions de conjugaison et de stabilité relatives aux Γ structures.

Considérons par exemples les Γ-structures de codimension 1 définies sur la sphère S^3. Une Γ structure sera dite générique si elle est définie localement par des applications distinguées du type de Morse : il n'existe alors qu'un nombre fini de points singuliers dont le complémentaire est rempli de feuilles régulières de dimension 2.

Une Γ structure stable est nécessairement générique. Mais si l'on cherche à étendre le théorème 1 aux Γ-structures on rencontre une difficulté essentielle : le théorème de Novikov ne s'applique pas, et plus exactement, il existe des Γ- structures dont aucune feuille régulière n'est fermée.

D'un autre coté, une Γ structure générique dont la fermeture de chaque feuille régulière est homéomorphe à la sphère S^2 et ne porte au plus qu'une singularité, est stable comme il résulte facilement du théorème de stabilité de Reeb. (Par exemple la Γ- structure définie par une fonction de Morse sur S^3 avec seulement deux singularités). il est peu vraisemblable qu'il existe d'autres Γ- structures stables sur S^3.

2. Les feuilletages stables de $S^2 \times S^1$

a) La circonstance suivante permet de déterminer facilement quels sont les feuilletages stables de la variété produit $S^2 \times S^1$:

Si $\mathcal{F}$ est un feuilletage de $S^2 \times S^1$, sans composante de Reeb, alors $\mathcal{F}$ contient au moins une feuille difféomorphe à S^2. On peut montrer alors assez facilement, en utilisant le théorème de stabilité de Reeb, que le feuilletage $\mathcal{F}$ est isotope au feuilletage de $S^2 \times S^1$ par les sphères $S^2 \times \{\theta\}$, $\theta \in S^1$. [4].

b) si maintenant un feuilletage stable possède une composante de Reeb, cette composante est nécessairement hyperbolique : sinon il serait possible de modifier le feuilletage au voisinage du bord de la composante de façon à l'approcher par un feuilletage non conjugué.

Une nouvelle application du théorème de stabilité de Reeb, permet de montrer que les composantes hyperboliques sont stables : Il en résulte que si $\mathcal{F}'$ diffère de $\mathcal{F}$ par un tourbillonnement hyperbolique, $\mathcal{F}'$ est stable si et seulement si $\mathcal{F}$ est stable. (Plus exactement la stabilité du feuilletage sur une sous-variété intérieure à la composante de Reeb résulte du théorème de stabilité ; la stabilité du bord de la composante résulte par exemple d'un théorème de M. Hirsch [1] ; la stabilité du feuilletage dans un voisinage de la composante résulte alors des deux stabilités partielles précédentes).

Finalement, on obtient :

Théorème 2 : Les seuls feuilletages stables de codimension 1, de $S^2 \times S^1$ sont les feuilletages isotopes au feuilletage sur les sphères $S^2 \times \{\theta\}$, $\theta \in S^1$, modifiés par un nombre fini de tourbillonnements de Reeb hyperboliques.

Remarque : Il est clair que la démonstration précédente permet de déterminer les feuilletages stables d'une variété, dès que l'on connait les feuilletages stables sans composante de Reeb : c'est le cas, par exemple, pour le tore T^3. Dans le cas plus général des fi rés en cercle sur une surface fermée M^2 différente de S^2 et de T^2, Thurston a établi [7] que tout feuilletage sans feuille compacte était isotope à un feuilletage transverse aux fibres S^1, ce qui pose le problème de la détermination des feuilletages stables transverses aux fibres, ou ce qui revient au même, des représentations stables du groupe $\pi_1 M^2$ dans le groupe des difféomorphismes de S^1.

On sait qu'il existe de tels feuilletages stables si le fibré est le fibré en cercles tangents (feuilletages d'Anosov). Aucun autre exemple de feuilletages stables de ce type n'est connu.

3. Stabilité des composantes intrinsèques.

Soit $\mathcal{F}$ un feuilletage de codimension 1, transversalement orientable, défini sur une variété compacte V. Pour un tel feuilletage, Novikov a introduit dans [2], les notions suivantes :

- Deux feuilles L_1 et L_2 de $\mathcal{F}$ sont dites équivalentes, s'il existent une tranversale fermée coupant à la fois L_1 et L_2. Une classe d'équivalence est alors un ensemble saturé de l'un des deux types suivants :

i) un ouvert non vide

ii) une feuille compacte située dans la frontière d'un

ensemble du premier type.

-On appelle <u>composante</u> (au sens de Novikov) la fermeture de toute classe d'équivalence du premier type : une composante est une sous-variété feuilletée de V, de dimension égale à celle de V et dont le bord est réunion éventuellement vide de feuilles compactes. On dira qu'une composante W est <u>intrinsèque</u> si l'on peut choisir une orientation transverse à $\mathcal{F}$ qui soit constante sur le bord ∂W de W (Par exemple si ∂W est connexe ou vide, W est une composante intrinsèque). Si une composante intrinsèqueest plongée dans une autre variété feuilletée (V', $\mathcal{F}'$) en tant que sous-variété feuilletée, elle y apparait toujours comme composante, ce qui justifie l'adjectif intrinsèque.

Il est facile de vérifier que tout feuilletage $\mathcal{F}$ de codimension 1, transversalement orientable possède des composantes intrinsèques et que ces composantes intrinsèques sont en nombre fini.

Si V est une variété compacte de classe $\mathcal{C}^{\infty}$, on désignera par $\mathcal{F}^{1}_{+}$ (V) l'espace des feuilletages de codimension 1 de V, transversalement orientables et de classe $\mathcal{C}^{\infty}$, muni de la topologie de $\mathcal{F}^{1}$ (V).

<u>Définition</u> :

On dira que les composantes intrinsèques d'un feuilletage $\mathcal{F}$ de $\mathcal{F}^{1}_{+}$ (V) sont stables, s'il existe un voisinage $\mathcal{U}$ de $\mathcal{F}$ dans $\mathcal{F}^{1}_{+}$ (V) tel que pour tout feuilletage $\mathcal{F}'$ de $\mathcal{U}$, il existe un difféomorphisme h ($\mathcal{F}'$) dépendant continuement de $\mathcal{F}'$ avec h ($\mathcal{F}$) = Id, et échangeant les composantes intrinsèques de $\mathcal{F}$ et de $\mathcal{F}'$: c'est-à-dire que si $\mathcal{C}$ est une composante intrinsèque de $\mathcal{F}$, la sous-variété h ($\mathcal{F}'$) ($\mathcal{C}$) est sous-variété associée à une composante intrinsèque de $\mathcal{F}'$ et réciproquement. (<u>h ($\mathcal{F}'$) n'est pas supposé conjuguer les feuilletages</u>).

On a alors le résultat suivant :

<u>Théorème 3</u> : <u>L'ensemble des feuilletages de $\mathcal{F}^{1}_{+}$ (V) dont les composantes intrinsèques sont stables est un sous-ensemble dense de $\mathcal{F}^{1}_{+}$ (V).</u>

La démonstration, que nous ne donnerons pas ici est élémentaire et n'utilise encore une fois que le théorème de stabilité de Reeb. On associe à chaque feuilletage $\mathcal{F}$ un système de chemins et de lacets transverses au feuilletage dont des voisinages tubulaires feuilletés recouvrent toutes les variétés. Un tel système permet de contrôler la position des composantes intrinsèques de tout feuilletage $\mathcal{F}'$, suffisamment proche de $\mathcal{F}$: par exemple, un chemin ne peut rencontrer que deux composantes intrinsèques au plus ; grossièrement parlant, on pourra trouver un voisinage $\mathcal{U}$ de $\mathcal{F}$ dans $\mathcal{F}^1_+(V)$ tel que le nombre des composantes intrinsèques de $\mathcal{F}' \in \mathcal{U}$ soit plus petit ou égal à celui de $\mathcal{F}$.

L'intérêt du théorème 3 est de suggérer l'existence d'une stratification de l'espace $\mathcal{F}^1_+(V)$ définie par rapport aux propriétés des composantes intrinsèques. Le théorème 3 affirme l'existence d'une strate de codimension 0 dans $\mathcal{F}^1_+(V)$ pour laquelle le feuilletage a des composantes intrinsèques stables. (Il serait d'ailleurs intéressant de déterminer quels sont les types possibles de composantes intrinsèques stables et pour une variété donnée et de caractériser les composantes connexes de cette strate. On retrouve comme cas particulier le problème de la caractérisation des systèmes de lacets dans S^3 possédant des voisinages tubulaires disjoints susceptibles d'être des composantes de Reeb d'un feuilletage de S^3). Les strates de codimension plus grandes correspondraient à l'apparition ou à la disparition de composantes intrinsèques ; il est par exemple possible d'exhiber une strate de naissance de composante de Reeb et de montrer que cette strate est de codimension un, en un sens facile à rendre précis.

Pour terminer, on peut noter que les notions relatives aux composantes intrinsèques peuvent être étendues aux Γ- structures de codimension 1, ainsi que, vraisemblablement, les résultats de stabilité des composantes intrinsèques.

Le cadre des Γ- structures serait d'ailleurs probablement mieux adapté à l'étude d'une stratification.

BIBLIOGRAPHIE

[1] - M. W. Hirsch : Stability of compact leaves of foliations. Conference on dynamical systems held in Salvador, Brazil - 1971 .

[2] - V.P. NOVIKOV : Topology of foliations : Trudy Mosk. Math . Obshch. Vol. 14. N° 513.83.

[3] - G. REEB : Sur certaines propriétés topologiques des variétés feuilletées, Actual. Scient. Ind. (1952).

[4] - R. ROUSSARIE : Sur les feuilletages des variétés de dimension trois Annales de l'institut Fourier. Tome XXI Fasc 3 (1971)

[5] - S. SMALE : On gradient dynamical systems, Ann. of Math (1961). Vol. 74.

[6] - S. SMALE : Differentiable dynamical systems, Bull. Amer. Math. Soc. Vol : 73 (1967).

[7] - W. THURSTON : Foliations of three manifolds which are circle-bundles Thesis. Berkeley. 1972.

II. COURBURE

LES ZEROS DES OPERATEURS COURBURE HOLOMORPHES NON-NEGATIFS

A. M. Naveira - C. Fuertes

Thorpe [2] décrie complètement la structure des ensembles de points dans la variété de Grassmann des 2-planes tangents dans un point pour lesquels la courbure sectionnelle riemannienne atteint ses valeurs maximum et minimum.En particulier,pour les espaces à courbure non-negative,il décrie l'ensemble des points dans la variété de GRassmann pour lesquels la courbure sectionnelle vaut zero.La courbure sectionnelle holomorphe est un invariant de la structure complexe plus faible que la courbure sectionnelle riemannienne.L'étude de ces invariants semble très intéressant.

Si V est un espace vectoriel réel avec une structure complexe J,la courbure sectionnelle riemennienne atteint la valeur maximum sur les 2-planes holomorphes (planes invariants par J) et la valeur minimum sur les 2-planes anti-holomorphes (planes P tels que $v \in P$ implique $Jv \perp P$).

En procedant de la meme façon que Thorpe [2] pour le cas reél,nous étudions la structure des ensembles de points dans la sousvariété de Grassmann holomorphe

$$G = \{ \alpha \in \Lambda^{1,1} (V^{\mathbb{C}}) \;/\; \alpha = u\wedge\bar{u}, u\in V^{1,0},\; g(u,\bar{u}) = 1\}$$

dans lesquels la courbure sectionnelle holomorphe atteint ses valeurs maximum et minimum.D'une facon analogue au cas reél, pour les espaces à courbure non-negative nous étudions l'ensemble des points dans lesquels la courbure sectionnelle holomorphe atteint la valeur zero et nous prouvons que les ensembles maximum et minimum de la courbure sectionnelle holomorphe sont des intersections de G avec des sousespaces linéaires complexes de $\Lambda^{1,1}(V^{\mathbb{C}})$.

Le tenseur courbure holomorphe R de V peut être consideré comme un operateur linéaire auto-adjoint sur $\Lambda^{1,1}V^{\mathbb{C}})$. Nous répresentons par Γ l'espace vectoriel de tous les opérateurs linéaires auto-adjoints sur $\Lambda^{1,1}(V^{C})$ doué d'un produit hermitien g

$$g(R,S) = \mathrm{Tr}\ R\cdot\overline{S}$$

Le sousensemble Σ des opérateurs qui satisfont la première identité de Bianchi complexe, est un sousespace linéaire de Γ. Le complement orthogonal Π de Σ dans Γ est l'ensemble de tous les opérateurs dont fonction courbure sectionnelle holomorphe associée est identiquement nulle.

Etant donné un $R \in \Gamma$ sa fonction courbure sectionnelle holomorphe associée est définie par

$$\sigma_R(\alpha) = -\ g(\ R\alpha,\alpha) \qquad \alpha \in G$$

Théorème principal. Soit $R \in \Gamma$ reél, c'est-à-dire $R = \overline{R}$ et tel que $\sigma_R \geqslant 0$. Alors il existe un operateur $S \in \Pi$ tel que l'ensemble des zeros de σ_R est précisément $G \cap \mathrm{Ker}\ (R - S)$.

L'idée de la démonstration est de montrer d'abord que pour chaque P appartenant a l'ensemble des zeros de σ_R

il existe un $S \in \Pi$ tel que $P \in \mathrm{Ker}\,(R - S)$, puis montrer qu'il existe un et seulement un de tels S lequel est orthogonal au sousespace de Π constitué par toue les opérateurs qui a'annulent sur P et dernièrement construire avec ces opérateurs uniques un opétateur qui marche simultanément pour tous les P de l'ensemble des zeros de σ_R. La preuve du théorème principal pour la dimension complexe 4, joue un role fondamental pour établir le théorème dans le cas general. Les preuves complètes seromt publiées plus tard.

BIBLIOGRAPHIE

[1] NAVEIRA, A.M. - C.FUERTES. *The zeros of non-negative holomorphic curvature operators* (**a publier**).

[2] THORPE, J.A. *The zeroes of non-negative curvature operators*. J. of Differential Geometry, 5, (1971), 113-125.

Département de Géométrie et de Topologie

Université de Santiago (Espagne)

CURVATURES ASSOCIATED WITH DIFFERENTIAL OPERATORS

D. C. Spencer

1. Introduction. The purpose of this lecture is to call attention to two types of curvatures which arise naturally in the consideration of linear differential operators between sections of vector bundles over a differentiable manifold. The first type of curvature relates to the integrability of the operator, and the operator is integrable if and only if the curvature (for some choice of connection) vanishes. The second type of curvature, first introduced by R. E. Knapp in his Princeton thesis [2] and canonically defined in terms of the differential operator, is a generalization to arbitrary differential operators of the curvature of a connection for a vector bundle, and it relates to the formal integrability of the operator.

2. Notation and preliminary remarks about differential operators. Let E,F be vector bundles over a connected differentiable manifold X $(\dim X = n)$, and let $\underline{E},\underline{F}$ denote the corresponding sheaves of (germs of) sections. We have the functor J_k from the category of differentiable vector bundles and their morphisms into itself which, to a vector bundle E, associates the vector bundle $J_k(E)$ of k-jets of E and, to a morphism $\varphi: E \longrightarrow F$ of vector bundles, associates the morphism $J_k(\varphi): J_k(E) \longrightarrow J_k(F)$.

Now let $\tilde{D}: \underline{E} \longrightarrow \underline{F}$ be a linear differential operator of order k, i.e., there exists a morphism $p(\tilde{D}): J_k(E) \longrightarrow F$ such that the triangle

$$\begin{array}{ccc} \underline{J_k(E)} & & \\ {\scriptstyle j_k}\uparrow & \searrow^{p(\tilde{D})} & \\ \underline{E} & \xrightarrow{\tilde{D}} & \underline{F} \end{array}$$

commutes, where $j_k: \underline{E} \longrightarrow \underline{J_k(E)}$ is the sheaf map induced by sending a section of E into its jet of order k. The ℓ-th prolongation $p_\ell(\tilde{D}): J_{k+\ell}(E) \longrightarrow J_\ell(F)$ of $p(\tilde{D}) = p_o(\tilde{D}): J_k(E) \longrightarrow F$ is defined by making the following diagram commutative:

$$\begin{array}{ccc} \underline{J_{k+\ell}(E)} & \xrightarrow{p_\ell(\tilde{D})} & \underline{J_\ell(F)} \\ \uparrow{\scriptstyle j_{k+\ell}} & & \uparrow{\scriptstyle j_\ell} \\ \underline{E} & \xrightarrow{\tilde{D}} & \underline{F} \end{array}$$

That is, $p_\ell(\tilde{D})$ is the bundle morphism corresponding to the ℓ-th prolongation $j_\ell \circ \tilde{D}: \underline{E} \longrightarrow \underline{J_\ell(F)}$ of the operator $\tilde{D}$. In particular, taking $\tilde{D} = j_k: \underline{E} \longrightarrow \underline{J_k(E)}$, we obtain the canonical monomorphism $p_\ell(j_k): J_{k+\ell}(E) \longrightarrow J_\ell(J_k(E))$ and we identify $J_{k+\ell}(E)$ with its image under this map. Finally we have the projection $\pi_{k+\ell-1}: J_{k+\ell}(E) \longrightarrow J_{k+\ell-1}(E)$ whose kernel is $S^{k+\ell}T^* \otimes E$ (tensor product of E with the symmetric product of the cotangent bundle T^*), and we define $\sigma_\ell(\tilde{D})$ (ℓ-th prolongation of the symbol $\sigma(\tilde{D}) = \sigma_o(\tilde{D})$ of $\tilde{D}$)

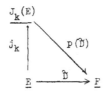

to be the morphism obtained by restricting $p_\ell(\tilde{D})$ to $S^{k+\ell}T^* \otimes E$. Writing $g_{k+\ell} = \ker \sigma_\ell(\tilde{D})$, $R_{k+\ell} = \ker p_\ell(\tilde{D})$, we have the following exact commutative diagram:

$$
\begin{array}{ccccccc}
 & & 0 & & 0 & & 0 \\
 & & \downarrow & & \downarrow & & \downarrow \\
0 & \longrightarrow & g_{k+\ell} & \longrightarrow & S^{k+\ell}T^* \otimes E & \xrightarrow{\sigma_\ell(\tilde{D})} & S^\ell T^* \otimes F \\
 & & \downarrow & & \downarrow & & \downarrow \\
0 & \longrightarrow & R_{k+\ell} & \longrightarrow & J_{k+\ell}(E) & \xrightarrow{p_\ell(\tilde{D})} & J_\ell(F) \\
 & & \downarrow{\scriptstyle \pi_{k+\ell-1}} & & \downarrow{\scriptstyle \pi_{k+\ell-1}} & & \downarrow{\scriptstyle \pi_{\ell-1}} \\
0 & \longrightarrow & R_{k+\ell-1} & \longrightarrow & J_{k+\ell-1}(E) & \xrightarrow{p_{\ell-1}(\tilde{D})} & J_{\ell-1}(F) \\
 & & & & \downarrow & & \downarrow \\
 & & & & 0 & & 0
\end{array}
$$

<u>Definition.</u> The differential operator $\tilde{D}$ is said to be <u>formally integrable</u> if, for $\ell \geq 0$, $R_{k+\ell}$ is a vector bundle (constancy of rank) and $\pi_{k+\ell}: R_{k+\ell+1} \longrightarrow R_{k+\ell}$ is surjective (existence of formal solutions).

A (homogeneous) solution of $\tilde{D}$ is a section of E which is annihilated by $\tilde{D}$ or, equivalently, a section of E whose k-jet is a section of R_k. We denote by Θ the sheaf of (germs of) solutions of $\tilde{D}$ (kernel of $\tilde{D}: \underline{E} \longrightarrow \underline{F}$).

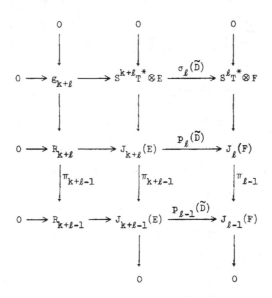

<u>Definition.</u> The operator $\tilde{D}$ is said to be <u>integrable</u> if it is formally integrable and if R_k is the bundle of k-jets of its solutions (in which case $R_{k+\ell}$, $\ell \geq 0$, is the bundle of $(k+\ell)$-jets of its solutions).

Suppose that $\tilde{D}$ is formally integrable. Then the operator is easily extendable to a complex of which the initial portion is

$$(1.1) \qquad \underline{E} \xrightarrow{\tilde{D}} \underline{F} \xrightarrow{\tilde{D}'} \underline{G}$$

where G is a vector bundle, $\tilde{D}'$ is a differential operator, and the complex is formally exact in the sense of Goldschmidt [1].

Next, we have a morphism of vector bundles ($\tilde{D}$ formally integrable)

$$\delta : \Lambda^{t} T^{*} \otimes g_{m+1} \longrightarrow \Lambda^{r+1} T^{*} \otimes g_{m}$$

where $\delta^2 = 0$, and we call the cohomology of the corresponding complex the "δ-chomology" of $\tilde{D}$. There exists an integer $k_o \geq k$, depending only on n (dim X) , k (order of $\tilde{D}$) and the fibre dimension of E , such that the δ-cohomology vanishes at $\Lambda^r T^* \otimes g_m$ for $m \geq k_o$ (stable range) and all r . Moreover, we have the complex

$$(1.2) \qquad 0 \longrightarrow \Theta \longrightarrow \underline{C}^o \xrightarrow{D} \underline{C}^1 \xrightarrow{D} \underline{C}^2 \xrightarrow{D} \dots \longrightarrow \underline{C}^n \longrightarrow 0$$

where the operators D are of first order,

$$C^r = C^r_m = (\Lambda^r T^* \otimes R_{m+1}) / \delta(\Lambda^{r-1} T^* \otimes g_{m+2}) ,$$

m a sufficiently large integer in the stable range, and ($\tilde{D}$ formally integrable) C^r is a vector bundle and the cohomology of (1.2) at

$\underline{C}^1$ is isomorphic to the cohomology of (1.1) at $\underline{F}$.

3. Curvature and integrability. In this section we suppose that $\tilde{D}$ is formally integrable. Let $P: R_m \longrightarrow R_{m+1}$ be a splitting of the sequence of vector bundles

$$0 \longrightarrow g_{m+1} \longrightarrow R_{m+1} \longrightarrow R_m \longrightarrow 0 ,$$

and denote by $Q: R_{m+1} \longrightarrow g_{m+1}$ the corresponding projection. The splitting induces an isomorphism

$$C^r \cong (\Lambda^r T^* \otimes R_m) \oplus \delta(\Lambda^r T^* \otimes g_{m+1}) \tag{3.1}$$

and defines a connection for R_m with differential operator

$$D_o: \Lambda^r \underline{T}^* \otimes \underline{R}_m \longrightarrow \Lambda^{r+1} \underline{T}^* \otimes \underline{R}_m$$

where $D_o = \hat{D} \circ P$ and

$$\hat{D}: \Lambda^r \underline{T}^* \otimes \underline{R}_{m+1} \longrightarrow \Lambda^{r+1} \underline{T}^* \otimes \underline{R}_m$$

is the so-called "naive" operator (see [4(a)]). If we identify C^r with the direct sum in (3.1), the operator D of (1.2) takes the form

$$D(\sigma,\rho) = (D_o\sigma-\rho, D_o(D_o\sigma-\rho)), \quad (\sigma,\rho) \in (\Lambda^r \underline{T}^* \otimes \underline{R}_m) \oplus \delta(\Lambda^r \underline{T}^* \otimes \underline{g}_{m+1}) . \tag{3.2}$$

The following proposition is easily verified (see [4(a)]).

Proposition. There exists a connection (i.e., a splitting P) with vanishing curvature D_o^2 if and only if $\tilde{D}$ is integrable.

For example, any formally integrable operator with (real) analytic coefficients is flat (integrable); in particular, the famous operator of H. Lewy [3] is flat.

From (3.1) and (3.2) we obtain for a flat operator the following commutative diagram:

$$
\begin{array}{ccccccccccc}
 & & 0 & & 0 & & 0 & & 0 & & \\
 & & \downarrow & & \downarrow & & \downarrow & & \downarrow & & \\
0 & \rightarrow & \Theta' & \xrightarrow{j_m} & \underline{R_m} & \xrightarrow{D_o} & \underline{T}^* \otimes \underline{R_m} & \xrightarrow{D_o} & \Lambda^2 \underline{T}^* \otimes \underline{R_m} & \xrightarrow{D_o} & \cdots \\
 & & \downarrow & & \downarrow & & \downarrow & & \downarrow & & \\
0 & \rightarrow & \Theta & \rightarrow & \underline{C}^o & \xrightarrow{D} & \underline{C}^1 & \xrightarrow{D} & \underline{C}^2 & \xrightarrow{D} & \cdots \\
 & & \downarrow & & \downarrow & & \downarrow & & \downarrow & & \\
0 & \rightarrow & \Theta'' & \rightarrow & \delta(\underline{g_{m+1}}) & \xrightarrow{-D_o} & \delta(\underline{T}^* \otimes \underline{g_{m+1}}) & \xrightarrow{-D_o} & \delta(\Lambda^2 \underline{T}^* \otimes \underline{g_{m+1}}) & \xrightarrow{-D_o} & \cdots \\
 & & \downarrow & & \downarrow & & \downarrow & & \downarrow & & \\
 & & 0 & & 0 & & 0 & & 0 & &
\end{array}
$$

Here $\Theta' = \{\theta \in \Theta \mid Pj_m(\theta) = j_{m+1}(\theta)\}$ and $\Theta'' = \delta Qj_{m+1}(\Theta)$. The columns of this diagram are exact, the first row is exact (its exactness is equivalent to the Poincaré lemma for the exterior differential operator d), and the second and third rows are exact at $\underline{C}^o$ and $\delta(\underline{g_{m+1}})$.

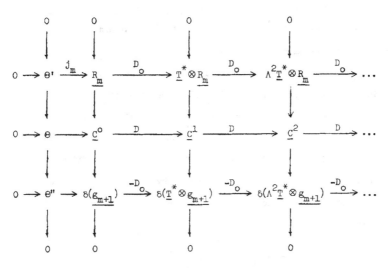

By introducing flat frames, the operator $-D_o$ in the third row becomes $-D_o(\delta\psi) = dA \wedge d\psi$ where $\delta\psi = dA \wedge \psi$ and ψ is a vector-valued differential form. Thus the operator in the third row also reduces to the exterior differential d operating, however, on a rather complicated space, and the third row is not necessarily exact as is the case, for example, when $\tilde{D}$ is the operator of H. Lewy. For details see [4(b)].

4. <u>Curvature and formal integrability (curvatures of Knapp).</u> Recently R. E. Knapp, in his Princeton thesis [2], has associated with any differential operator a sequence $\{\theta^{(\ell)}\}_{\ell=1,2,\dots}$ of curvatures $\theta^{(\ell)}$, where $\theta^{(\ell)}$ is an intrinsically defined m-jet of $\theta^{(1)}$ and, in the special case of the differential operator of a connection on a vector bundle, $\theta^{(1)}$ is isomorphic to the usual curvature. Dropping the tilde over D (since the operators denoted above by the symbol D will not recur), we let $D\colon \underline{E} \longrightarrow \underline{F}$ be a given (linear) differential operator of order k. Denoting by $J^i_{k+\ell}(E)$, $0 \leq i < k+\ell$, the kernel of the projection $\pi_i\colon J_{k+\ell}(E) \longrightarrow J_i(E)$, we consider the diagram

$$\begin{array}{ccccc} J_{k+\ell}(\underline{E}) & \xrightarrow{p_\ell(D)} & J_\ell(\underline{F}) & \searrow^{\varpi_i} & \\ \uparrow j_{k+\ell} & & \uparrow j_\ell & & J_\ell(\underline{F})/p_\ell(D)(J^i_{k+\ell}(\underline{E})) \\ \underline{E} & \xrightarrow{D} & \underline{F} & \nearrow_{D^{(\ell,i)}} & \end{array} \tag{4.1}$$ 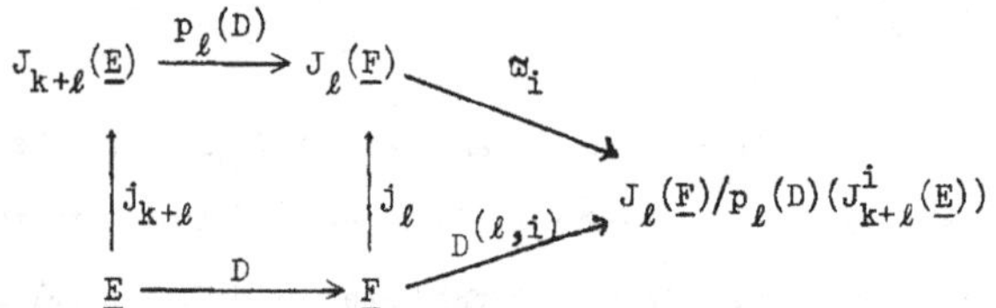

where $D^{(\ell,i)} = \varpi_i \circ j_\ell$ (by definition).

<u>Proposition.</u> ([2]). The composition $D^{(\ell,i)} \circ D$ is a differential operator of order i whose corresponding bundle map $\theta^{(\ell,i)} = \theta^{(\ell,i)}(D)$ (i.e., $D^{(\ell,i)} \circ D = \theta^{(\ell,i)} \circ j_i$) is induced by the diagram

$$
\begin{array}{ccccccc}
0 \longrightarrow J^{i}_{k+\ell}(E) & \longrightarrow & J_{k+\ell}(E) & \xrightarrow{\;\pi_i\;} & J_i(E) & \longrightarrow & 0 \\
 & & & \searrow{\scriptstyle \varpi_i \circ p_\ell(D)} & \Big\downarrow {\scriptstyle \Theta^{(\ell,i)}} & & \\
 & & & & J_\ell(F)/p_\ell(D)(J^{i}_{k+\ell}(E)) & &
\end{array}
$$

Moreover, we have

$$\pi_i(R_{k+\ell}) = \ker \Theta^{(\ell,i)} .$$

In particular, taking $i = 0$ and writing $\Theta^{(\ell,o)} = \Theta^{(\ell)} = \Theta^{(\ell)}(D)$, we have $\Theta^{(\ell)} = D^{(\ell,o)} \circ D$ where

$$\Theta^{(\ell)} = \Theta^{(\ell)}(D)\colon E \longrightarrow J_\ell(F)/p_\ell(D)(J^{o}_{k+\ell}(E))$$

is a bundle morphism and $J^{o}_{k+\ell}$ is the kernel of the projection $\pi_o\colon J_{k+\ell}(D) \longrightarrow E$.

Consider henceforth the special case of a vector bundle E with connection θ, corresponding differential operator

$$D_\theta\colon \underline{E} \longrightarrow \underline{T}^{*} \otimes \underline{E}$$

and curvature

$$\Theta = D^{2}_{\theta}\colon E \longrightarrow \Lambda^{2} T^{*} \otimes E$$

(i.e., $D = D_\theta$ and $F = T^{*} \otimes E$). It can be shown (see Knapp [2]) that, if Θ is of constant rank, then the operator D_θ is formally integrable if and only if $\Theta = 0$. Since the flat case (in which D_θ reduces to the exterior differential d) is trivial, we assume that $\Theta \neq 0$.

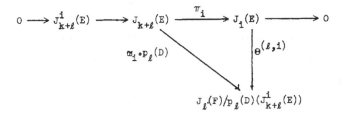

We remark first (see [2]) that $\Theta^{(1)} = \Theta^{(1)}(D_\theta)$ is, up to a canonical isomorphism, equal to Θ. More precisely, we obtain from (4.1) (with $k=1$, $\ell=1$, $i=0$, $D=D_\theta$ and $F = T^* \otimes E$) the following diagram:

$$\begin{array}{ccccc}
J_2(\underline{E}) & \xrightarrow{p_1(D_\theta)} & J_1(\underline{T}^* \otimes \underline{E}) & \xrightarrow{\varpi_0} & \\
\uparrow j_2 & & \uparrow j_1 & & J_1(\underline{T}^* \otimes \underline{E})/p_1(D_\theta)(J_2^0(\underline{E})) \\
\underline{E} & \xrightarrow{D_\theta} & \underline{T}^* \otimes \underline{E} & \xrightarrow{D_\theta^{(1,0)}} &
\end{array}$$

and

$$\Theta^{(1)} = \Theta^{(1)}(D_\theta) = D_\theta^{(1,0)} \circ D_\theta \, .$$

There is a canonical isomorphism

$$h: J_1(T^* \otimes E)/p_1(D_\theta)(J_2^0(E)) \xrightarrow{\approx} \Lambda^2 T^* \otimes E$$

and

$$\begin{cases} D_\theta = h \circ D_\theta^{(1,0)}: \underline{T}^* \otimes \underline{E} \longrightarrow \Lambda^2 \underline{T}^* \otimes \underline{E} \\ \Theta = h \circ \Theta^{(1)}(D_\theta): E \longrightarrow \Lambda^2 T^* \otimes E \end{cases}$$

Next, we have the exact commutative diagram:

$$
\begin{array}{ccccccc}
 & & 0 & & 0 & & \\
 & & \downarrow & & \downarrow & & \\
 & & S^{\ell}T^{*}\otimes T^{*}\otimes E/\delta(S^{\ell+1}T^{*}\otimes E & = & S^{\ell}T^{*}\otimes E/\delta(S^{\ell+1}T^{*}\otimes E) & & \\
 & & \downarrow & & \downarrow & & \\
E & \xrightarrow{\theta^{(\ell)}} & J_{\ell}(T^{*}\otimes E)/p_{\ell}(D_{\theta})(J^{0}_{\ell+1}(E)) & \xrightarrow{\pi_{\ell}} & J_{\ell}(T^{*}\otimes E)/p_{\ell}(D_{\theta})(J_{\ell+1}(E)) & \to & 0 \\
\| & & \downarrow{\scriptstyle \pi^{0}_{1}} & & \downarrow{\scriptstyle \pi_{1}} & & \\
E & \xrightarrow{\theta^{(\ell-1)}} & J_{\ell-1}(T^{*}\otimes E)/p_{\ell-1}(D_{\theta})(J^{0}_{\ell}(E)) & \xrightarrow{\pi_{\ell-1}} & J_{\ell-1}(T^{*}\otimes E)/p_{\ell-1}(D_{\theta})(J_{\ell}(E)) & \to & 0 \\
 & & \downarrow & & \downarrow & & \\
 & & 0 & & 0 & &
\end{array}
$$

Hence, in particular,

$$\pi^{0}_{1}\circ\theta^{(\ell)} = \theta^{(\ell-1)} ,$$

and it follows that

(4.2) $$\ker \theta^{(\ell)} \subset \ker \theta^{(\ell-1)} \subset E .$$

Also $\theta^{(\ell)}$, $\ell \geq 1$, has constant rank if and only if $R_{\ell+1}$ is a vector bundle and, if

(4.3) $$\ker \theta^{(m)} = \ker \theta^{(m-1)} ,$$

then

$$0 \longrightarrow R_{m+1} \longrightarrow R_{m} \longrightarrow 0$$

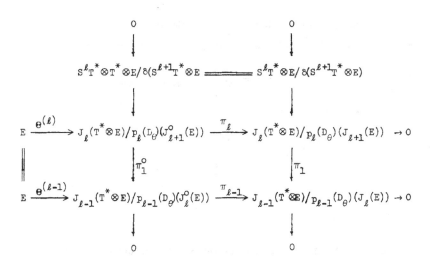

is exact. Assume that $\theta \neq 0$ and that $\theta^{(\ell)}$ has constant rank for all ℓ. Then, by (4.2), there exists an integer m, $2 \leq m \leq$ (fibre dim E) + 1, such that (4.3) holds, and (see [2]) the sequence

$$(4.4) \qquad \underline{E} \xrightarrow{D_\theta} \underline{T}^* \otimes \underline{E} \xrightarrow{D_0^{(m)}} J_m(\underline{T}^* \otimes \underline{E})/p_m(D_\theta)(J_{m+1}(\underline{E}))$$

is exact, where the diagram

$$\begin{array}{ccccc}
J_{m+1}(\underline{E}) & \xrightarrow{p_m(D_\theta)} & J_m(\underline{T}^* \otimes \underline{E}) & & \\
 & & & \searrow^{\varpi} & \\
\uparrow j_{m+1} & & \uparrow j_m & & J_m(\underline{T}^* \otimes \underline{E})/p_m(D_\theta)(J_{m+1}(\underline{E})) \\
 & & & \nearrow_{D_\theta^{(m)}} & \\
\underline{E} & \xrightarrow{D_0} & \underline{T}^* \otimes \underline{E} & &
\end{array}$$

defines the natural compatibility operator $D_\theta^{(m)}$ of order m. The exactness of (4.4) is a special case of the following result (see [2]): let $D\colon \underline{E} \longrightarrow \underline{F}$ be an operator of order k and finite type (i.e., $g_m = 0$ for all sufficiently large m) and suppose that $R_{k+\ell}$ is a vector bundle for all $\ell \geq 0$; then there is a vector bundle G and operator D' such that

$$\underline{E} \xrightarrow{D} \underline{F} \xrightarrow{D'} \underline{G}$$

is exact.

Finally we remark that Knapp has shown there exists a canonically defined first-order differential operator

$$\hat{D}_\theta\colon \Lambda^2 \underline{T}^* \otimes \underline{E} \longrightarrow J_2(\underline{T}^* \otimes \underline{E})/p_2(D_\theta)(J_3^0(\underline{E}))$$

such that

$$D_\theta^{(2,0)} = \hat{D}_\theta \circ D_\theta - \sigma(\hat{D}_\theta) \circ (\mathrm{id} \otimes \Theta)$$

and hence, multiplying the formula on the right by D_θ, we obtain

$$\Theta^{(2)} = \hat{D}_\theta \circ \Theta - \sigma(\hat{D}_\theta) \circ (\mathrm{id} \otimes \Theta) \circ D_\theta \,.$$

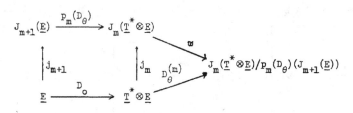

References

1. Goldschmidt, H.: "Existence theorems for analytic linear partial differential equations", Annals of Math., 86(1967), 246-270.

2. Knapp, R. E.: "Curvature and compatibility", Princeton thesis 1972 (to appear).

3. Lewy, H.: "On the local character of the solutions of an atypical linear differential equation and a related theorem for functions of 2 complex variables", Annals of Math., 64(1956), 514-522.

4. Spencer, D. C.: (a) "Overdetermined systems of linear partial differential equations", Bull. Amer. Math. Soc., 75(1969), 179-239.

   (b) "Overdetermined operators: some remarks on symbols", Actes, Congrès intern. Math., 1970, Tome 2, 251-256.

Princeton University
November, 1972

III. SOUSVARIETES, CALCUL DES VARIATIONS ET APPLICATIONS ARMONIQUES

LE FORMALISME DE HAMILTON-CARTAN EN CALCUL DES VARIATIONS

Hubert Goldschmidt

Nous donnons ici un exposé de la géométrie du calcul des variations à plusieurs variables indépendantes d'après [2] . Nous montrons de quelle manière le formalisme hamiltonien intervient en mécanique, en espérant que cela puisse être de quelque utilité en théorie des champs. Nous retrouvons les résultats classiques du calcul des variations des intégrales simples et de la mécanique théorique (cf. [3]) en indiquant les notions qui n'admettent pas de généralisation au cas de plusieurs variables.

§ 1 . LES EQUATIONS D'EULER-LAGRANGE

Soit X une variété différentiable de dimension n dont le fibré tangent sera noté T . Soit $\pi : Y \to X$ un fibré sur X (qu'on pourra, si l'on veut, supposer trivial) ; une section $s : X \to Y$ de Y est une application différentiable telle que $\pi \circ s$ soit l'application identité de X . Si $y_0 \in Y$, on peut choisir un système de coordonnées $(x^1,\ldots,x^n,y^1,\ldots,y^m)$ pour Y sur un voisinage U de y_0 tel que $(x^1,\ldots,x^n)$ soit un système de coordonnées pour X sur πU . Si s est une section de Y sur un voisinage V de $x_0 = \pi(y_0)$ avec $s(V) \subset U$, alors s est représentée par les fonctions

$$s^j = y^j \circ s \ , \ j = 1,\ldots,m \ .$$

On dira que deux sections s, s' de Y sur un voisinage de $x_o = \pi(y_o)$ sont équivalentes en x_o si $s(x_o) = s'(x_o) = y_o$ et

$$\frac{\partial s^j}{\partial x^i}(x_o) = \frac{\partial s'^j}{\partial x^i}(x_o)$$

$(1 \leq i \leq n, 1 \leq j \leq m)$. La classe d'équivalence d'une telle section s s'appelle le jet d'ordre 1 de s en x_o et sera notée $j_1(s)(x_o)$; on écrira $\pi_o(j_1(s)(x_o)) = s(x_o)$ et $\pi(j_1(s)(x_o)) = x_o$. L'ensemble $J_1(Y)$ des jets d'ordre 1 de sections (locales) de Y est un fibré sur X dont la structure de variété différentiable est caractérisé par le fait que, si s est une section de Y sur un ouvert V de X , la section

$$x \mapsto j_1(s)(x)$$

de $J_1(Y)$ sur V soit différentiable ; alors $\pi_o : J_1(Y) \to Y$ est un fibré. Le système de coordonnées (x^i, y^j) sur Y considéré plus haut nous donne un système de coordonnées (x^i, y^j, y^j_i) sur $\pi_o^{-1} U \subset J_1(Y)$ tel que, pour toute section s de Y sur πU avec $s(\pi U) \subset U$

$$y^j_i(j_1(s)(x)) = \frac{\partial s^j}{\partial x^i}(x) \qquad , \quad x \in \pi U .$$

Supposons maintenant que X soit orientée par une forme de volume ω . Soit L une fonction à valeurs réelles sur $J_1(Y)$ qu'on appellera le lagrangien. Pour tout compact $A \subset X$ et pour toute section s de Y sur un voisinage de A , on pose

$$I_A[s] = \int_A L(j_1(s))\omega$$

Le problème principal du calcul des variation est de trouver des sections s qui sont des extrema de cette fonctionnelle. Si A est une sous-variété à bord de X , on cherchera, par exemple, une section s telle que

$$I_A[s] \leq I_A[s']$$

pour toute section s' sur un voisinage de A avec $s' = s$ sur ∂A ; on dira que s est alors un minimum de I_A . S'il en est ainsi, alors la variation première

(1) $$\frac{d}{dt} I_A[s_t]_{|t=0}$$

est nulle, pour toute famille à 1-paramètre de sections de Y avec $s_o = s$ et $s_t = s$ sur ∂A . Si l'expression (1) est nulle pour tout compact $A \subset X$, alors on dit qu'une section s de Y sur X est une extrémale, et cette section vérifie l'équation d'Euler-Lagrange, qu'on peut écrire à l'aide des coordonnées (x^i, y^j, y^j_i) sur $J_1(Y)$ considérées plus haut pour lesquelles l'on ait

$$\omega = dx^1 \wedge \ldots \wedge dx^n$$

sur πU , sous la forme

$$\frac{\partial L}{\partial y^j}(j_1(s)) - \sum_{i=1}^n \frac{\partial}{\partial x^i} \left(\frac{\partial L}{\partial y^j_i}(j_1(s)\right) = 0$$

$(j = 1,\ldots,m)$. C'est un système d'équations aux dérivées partielles d'ordre 2 .

§ 2 . LE FORMALISME HAMILTONIEN

Soit $V(Y)$ le fibré sur Y des vecteurs tangents aux fibres de $\pi : Y \to X$. Le fibré $\pi_o : J_1(Y) \to Y$ est un fibré affine, c'est-à-dire, la fibre $J_1(Y)_y = \pi_o^{-1}(y)$ est un espace affine pour tout $y \in Y$. Son fibré vectoriel associé est le fibré $T^* \otimes_Y V(Y)$ sur Y dont la fibre en $y \in Y$ est $T^*_{\pi(y)} \otimes V_y(Y)$; cet espace opère comme translations dans $J_1(Y)_y$. Pour des détails quant à la structure de fibré affine de $J_1(Y)$, nous renvoyons le lecteur à [1] ; on va se servir de cette structure pour définir la transformation de Legendre.

Soit W un espace affine d'espace vectoriel associé V . L'espace tangent $T_p(W)$ de W en p s'identifie de manière canonique à V , donc $T^*_p(W)$ à V^*. Si f est une fonction à valeurs réelles, alors $(df)(p) \in V^*$ et $df : W \to V^*$

envoie p dans $(df)(p)$.

La fonction L sur $J_1(Y)$, par restriction à l'espace affine $J_1(Y)_y$ nous donne donc une application

$$dL : J_1(Y)_y \to T_{\pi(y)} \otimes V_y^*(Y)$$

pour $y \in Y$, et par conséquent une application de fibrés sur Y , qu'on appelle la <u>transformation de Legendre</u>

$$\sigma(L) : J_1(Y) \to T \otimes_Y V^*(Y)$$

où $T \otimes_Y V^*(Y)$ est le fibré vectoriel sur Y dont la fibre en y est $T_{\pi(y)} \otimes V_y^*(Y)$.
En coordonnées locales, si $p \in J_1(Y)$

$$\sigma(L)p = \sum_{i,j} \frac{\partial L}{\partial y_i^j}(p) \frac{\partial}{\partial x^i} \otimes dy^j .$$

L'outil essentiel du formalisme hamiltonien est la forme différentielle donnée par la

PROPOSITION 1.- <u>Il existe une et une seule forme différentielle</u> Θ <u>de degré</u> n <u>sur</u> $J_1(Y)$ <u>telle que</u>

1) $j_1(s)^* \Theta = L(j_1(s))\omega$ <u>pour toute section</u> s <u>de</u> Y ;

2) $\eta \lrcorner \Theta = \pi^*((\sigma(L)p.(\pi_{o*}\eta)) \lrcorner \omega)$

<u>pour</u> $p \in J_1(Y)$, $\eta \in T_p(J_1(Y))$ <u>satisfaisant</u> $\pi_* \eta = 0$, <u>et où</u> $\sigma(L)p$ <u>est considéré comme élément de</u> $\mathrm{Hom}(V_{\pi_o(p)}(Y), T_{\pi(p)})$.

LEMME 1.- a) <u>Soit</u> s <u>une section de</u> Y <u>sur</u> X , <u>alors si</u> $u = j_1(s)$

(2) $u^*(\eta \lrcorner d\,\Theta) = 0$ <u>pour tout champ de vecteurs</u> η <u>sur</u> $J_1(Y)$ <u>vérifiant</u> $\pi_{o*}\eta = 0$.

b) <u>Si</u> $\sigma(L) : J_1(Y) \to T \otimes_Y V^*(Y)$ <u>est une immersion, toute section</u> u <u>de</u> $J_1(Y)$ <u>sur</u> X <u>vérifiant la condition</u> (2) <u>est de la forme</u> $u = j_1(s)$, <u>où</u> s <u>est une section de</u> Y <u>sur</u> X .

THEOREME 1.- Si $\sigma(L) : J_1(Y) \to T \otimes_Y V^*(Y)$ est une immersion et si u est une section de $J_1(Y)$ sur X, alors la condition

(3) $$u^*(\xi \lrcorner d\,\Theta) = 0 \quad \text{pour tout champ de vecteurs } \xi \text{ sur } J_1(Y)$$

est équivalente au fait que u soit de la forme $u = j_1(s)$, où la section s de Y sur X est une extrémale.

Si γ est la section de $\Lambda^n T$ sur X déterminée par $<\gamma,\omega> = 1$, alors la condition (3) est équivalente à l'équation

(4) $$u_*\gamma \lrcorner d\,\Theta = 0 ,$$

la forme hamiltonienne de l'équation d'Euler-Lagrange.

Si $(x^i, y^j, \dot{y}^j_i)$ sont les coordonnées usuelles sur un ouvert $U \subset J_1(Y)$ avec

$$\omega = dx^1 \wedge \ldots \wedge dx^n \qquad \text{sur } \pi U ,$$

alors

$$\Theta = \sum_{i,j} (-1)^{i+1} dp^i_j \wedge dy^j \wedge dx^1 \wedge \ldots \wedge \widehat{dx^i} \wedge \ldots \wedge dx^n - dH \wedge \omega ,$$

où

$$p^i_j = \frac{\partial L}{\partial y^j_i}$$

et

$$H = \sum_{i,j} \frac{\partial L}{\partial y^j_i} y^j_i - L .$$

Si $\sigma(L)$ est un difféomorphisme de U sur $\sigma(L)U$ alors (x^i, y^j, p^i_j) sont des coordonnées pour $J_1(Y)$ sur U. L'équation (4) s'écrit en coordonnées locales

$$\frac{\partial H}{\partial y^j}(u(x)) = - \sum_i \frac{\partial u^i_j}{\partial x^i}(x)$$

$$\frac{\partial H}{\partial p^i_j}(u(x)) = \frac{\partial u^j}{\partial x^i}(x) ,$$

où $u(x) = (x^i, u^j(x), u^i_j(x))$ avec

$$u^j = y^j o\, u \quad , \qquad\qquad u^i_j = p^i_j \; o \; u \; .$$

§ 3 . LES INTEGRALES SIMPLES

Si Y est le fibré trivial $X \times M$, où M est une variété différentiable de dimension m , alors $J_1(Y)$ s'identifie à la variété des jets d'ordre 1 d'applications de X dans M , et par conséquent au fibré $\mathrm{Hom}(T, T(M)) = T^* \otimes_Y T(M)$ de base Y; au jet d'ordre 1 d'une fonction $f : X \to M$ en $x \in X$ correspond $f_* : T_x \to T_{f(x)}(M)$. Le fibré $T^* \otimes_Y V(Y)$ s'identifie à $T^* \otimes_Y T(M)$, et la transformation de Legendre est donc une application

$$\sigma(L) : T^* \otimes_Y T(M) \to T \otimes_Y T^*(M) \; .$$

Le hamiltonien $H : T^* \otimes_Y T(M) \to \mathbb{R}$ est la fonction définie par

$$H(p) = \langle p, \sigma(L)p \rangle - L(p) \; , \tag{5}$$

où $p \in T^* \otimes_Y T(M)$ et $\langle \, , \, \rangle$ est la forme bilinéaire mettant en dualité $T^* \otimes_Y T(M)$ et $T \otimes_Y T^*(M)$. Le hamiltonien n'est bien défini que lorsque Y est un fibré trivialisé.

En particulier si $X = \mathbb{R}$ et $x^1 = t$ est la coordonnée de $\mathbb{R}$, et $\omega = dt$, alors T, T^* sont trivialisés et

$$T^* \otimes_Y T(M) \simeq \mathbb{R} \times T(M)$$

$$T \otimes_Y T^*(M) \simeq \mathbb{R} \times T^*(M) \, .$$

Des coordonnées $(q^1, \ldots, q^m)$ sur un ouvert U de M induisent des coordonnées $(q^1, \ldots, q^m, \dot{q}^1, \ldots, \dot{q}^m)$ sur $T(M)$; si $y \in U$, $\xi \in T_y(M)$, alors

$$\xi = \sum_{j=1}^{m} \dot{q}^j(\xi) \frac{\partial}{\partial q^j}$$

et

$$\sigma(L)(t,\xi) = \sum_{j=1}^{m} p^j(t,\xi)\, dq^j$$

où

$$p^j = \frac{\partial L}{\partial \dot{q}^j} .$$

PROPOSITION 2.- (i) <u>Si</u> $X = \mathbb{R}$ <u>et si</u> $\sigma(L)$ <u>est une immersion, il existe un et un seul champ de vecteurs</u> ζ , <u>le champ d'Euler, sur</u> $J_1(Y)$ <u>tel que</u>

a) $\zeta \lrcorner d\Theta = 0$

b) $\langle \zeta, \pi^* \omega \rangle = 1$.

(ii) <u>Une section</u> s <u>de</u> Y <u>sur</u> $\mathbb{R}$ <u>est une extrémale si et seulement si la courbe</u> $u = j_1(s)$ <u>dans</u> $J_1(Y)$ <u>est tangente à</u> ζ , <u>c'est-à-dire si</u>

$$j_1(s)_* \frac{\partial}{\partial t} = \zeta \circ j_1(s) .$$

Si $Y = \mathbb{R} \times M$, le champ d'Euler ζ s'écrit en coordonnées locales

$$\zeta = \frac{\partial}{\partial t} + \sum_{j=1}^{m} \frac{\partial H}{\partial p^j} \frac{\partial}{\partial q^j} - \sum_{j=1}^{m} \frac{\partial H}{\partial q^j} \frac{\partial}{\partial p^j} ,$$

où H est le hamiltonien (5), et la forme hamiltonienne de l'équation d'Euler-Lagrange est donc

$$\frac{\partial q^j}{\partial t}(j_1(s)) = \frac{\partial H}{\partial p^j}(j_1(s))$$

$$\frac{\partial p^j}{\partial t}(j_1(s)) = - \frac{\partial H}{\partial q^j}(j_1(s))$$

$(j = 1,\ldots,m)$. Le champ d'Euler n'admet pas de généralisation si $\dim X > 1$.

§ 4 . THEOREME DE NOETHER

Revenons maintenant au cas général considéré au § 2 . Soient s_t une famille à 1-paramètre de sections de $J_1(Y)$ et $\bar{\varphi}_t$ une famille à 1-paramètre de difféomorphismes de X qui préservent l'action dans le sens suivant

$$(6) \qquad \bar{\varphi}_t^* L(j_1(s_t))\omega = L(j_1(s))\omega$$

où $s = s_o$. Alors pour tout compact $B \subset X$

$$I_{\bar{\varphi}_t(B)}[s_t] = I_B[s] .$$

Si l'on pose $u_t = j_1(s_t)$, l'équation (6) s'écrit d'après la proposition 1

$$(7) \qquad \bar{\varphi}_t^* u_t^* \Theta = u^* \Theta$$

où $u = j_1(s)$. Si $\bar{\xi} = \frac{d\bar{\varphi}_t}{dt}\big|_{t=0}$ est le générateur infinitésimal de la famille $\bar{\varphi}_t$ et $\xi = \frac{du_t}{dt}\big|_{t=0}$ est le champ de vecteurs le long de u sur $J_1(Y)$ tangent à la famille u_t , alors on a d'après (7)

$$d(\bar{\xi} \lrcorner u^*\Theta) + \bar{\xi} \lrcorner u^* d\Theta + u^* d(\xi \lrcorner \Theta) + u^*(\xi \lrcorner d\,\Theta) = 0 .$$

Le deuxième terme est nul puisque $u^* d\Theta$ est une forme de degré n+1 sur X ; si s est une extrémale, alors le quatrième terme l'est aussi. Donc la forme de degré n-1 sur X

$$\bar{\xi} \lrcorner u^*\Theta + u^*(\xi \lrcorner \Theta)$$

est fermée lorsque s est une extrémale. On aurait pu supposer que u_t était une variation de u , comme sections de $J_1(Y)$. On obtient donc le

THEOREME DE NOETHER. Si s est une extrémale, u_t est une famille à 1-paramètre de sections de $J_1(Y)$ avec $u_o = u = j_1(s)$ et $\bar{\varphi}_t$ est une famille à 1-paramètre de difféomorphismes de X vérifiant (7), alors la forme de degré n-1 sur X

$$L(j_1(s))\bar{\xi}\lrcorner\omega + u^*(\xi\lrcorner\Theta)$$

est fermée, où $\xi = \frac{du_t}{dt}\Big|_{t=0}$ et $\bar{\xi} = \frac{d\bar{\varphi}_t}{dt}\Big|_{t=0}$.

§ 5 . CROCHET DE POISSON

La forme $\Omega = d\Theta$ de degré $n+1$ sur $J_1(Y)$ joue un rôle crucial en mécanique. On dira qu'un champ de vecteurs ξ sur $J_1(Y)$ est localement hamiltonien si la dérivée de Lie de Ω le long de ξ est nulle, i.e.

$$\mathcal{L}_\xi \Omega = 0 .$$

Puisque $d\Omega = 0$, cette condition équivaut à

$$d(\xi\lrcorner\Omega) = 0 .$$

On peut donc écrire localement $\xi\lrcorner\Omega = d\tau$, où τ est une forme de degré $n-1$. On dira qu'un champ de vecteurs ξ sur $J_1(Y)$ est (globalement) hamiltonien s'il existe une forme τ de degré $n-1$ sur $J_1(Y)$ telle que

(8) $$\xi\lrcorner\Omega = d\tau .$$

Si ξ_1, ξ_2 sont des champs de vecteurs localement hamiltoniens sur $J_1(Y)$, alors

$$[\xi_1,\xi_2]\lrcorner\Omega = \mathcal{L}_{\xi_1}(\xi_2\lrcorner\Omega)$$

et

$$d([\xi_1,\xi_2]\lrcorner\Omega) = \mathcal{L}_{\xi_1}(d(\xi_2\lrcorner\Omega)) = 0 .$$

Donc $[\xi_1,\xi_2]$ est localement hamiltonien, et les champs de vecteurs localement hamiltoniens sur $J_1(Y)$ forment une algèbre de Lie. Si ξ_2 est hamiltonien, alors il existe une forme τ_2 de degré $n-1$ sur $J_1(Y)$ avec

$$\xi_2\lrcorner\Omega = d\tau_2 .$$

On a

$$(9) \qquad [\xi_1,\xi_2]\lrcorner\Omega = \mathcal{L}_{\xi_1} d\tau_2 = d(\mathcal{L}_{\xi_1}\tau_2)$$

et par conséquent $[\xi_1,\xi_2]$ est globalement hamiltonien. L'ensemble $\mathcal{G}$ des champs de vecteurs hamiltoniens sur $J_1(Y)$ est donc un idéal de l'algèbre de Lie des champs localement hamiltoniens. Si $\xi_2\lrcorner\Omega=0$, alors d'après (9), $[\xi_1,\xi_2]\lrcorner\Omega = 0$. Donc les champs ξ de $\mathcal{G}$ vérifiant

$$(10) \qquad \xi\lrcorner\Omega = 0$$

forment un idéal de l'algèbre des champs localement hamiltoniens. L'algèbre quotient $\mathcal{H}$ de $\mathcal{G}$ par cet idéal s'appelle l'algèbre hamiltonienne ; on notera $[\xi]$ l'image dans $\mathcal{H}$ d'un élément ξ de $\mathcal{G}$.

Soit $\mathcal{P}$ l'espace des formes τ de degré n-1 vérifiant la relation (8) avec $\xi\in\mathcal{G}$. Un élément τ de $\mathcal{P}$ détermine $[\xi]\in\mathcal{H}$ et l'on a donc une application surjective $\mathcal{P}\to\mathcal{H}$. L'espace $Z^{n-1}(J_1(Y))$ des formes de degré n-1 fermées sur $J_1(Y)$ est un sous-espace de $\mathcal{P}$ et la suite

$$(11) \qquad 0 \to Z^{n-1}(J_1(Y)) \to \mathcal{P} \to \mathcal{H} \to 0$$

est exacte. Soit P le quotient de $\mathcal{P}$ par le sous-espace $B^{n-1}(J_1(Y))$ des formes de degré n-1 exactes. Par passage au quotient, l'application $\mathcal{P}\to\mathcal{H}$ nous donne une application $P\to\mathcal{H}$ et (11) nous donne la suite exacte

$$(12) \qquad 0 \to H^{n-1}(J_1(Y),\mathbb{R}) \to P \to \mathcal{H} \to 0 \, .$$

Définissons une opération anti-symétrique

$$\mathcal{P}\times\mathcal{P}\to\mathcal{P} \, ,$$

le crochet de Poisson. Si $\tau_1,\tau_2\in\mathcal{P}$ et

$$d\tau_1 = \xi_1\lrcorner\Omega$$
$$d\tau_2 = \xi_2\lrcorner\Omega \, ,$$

où $\xi_1, \xi_2 \in \mathcal{G}$, posons

$$(13) \qquad \{\tau_1, \tau_2\} = \xi_1 \lrcorner d\tau_2 = \xi_1 \lrcorner \xi_2 \lrcorner \Omega \ .$$

La dernière de ces expressions montre que le crochet de Poisson est anti-symétrique et que $\{\tau_1, \tau_2\}$ est une forme de degré $n-1$ bien définie. D'après (9), on a

$$(14) \qquad d\{\tau_1, \tau_2\} = [\xi_1, \xi_2] \lrcorner \Omega \ .$$

Examinons l'identité de Jacobi. D'après (14), on a

$$\begin{aligned} \{\{\tau_1, \tau_2\}, \tau_3\} &= [\xi_1, \xi_2] \lrcorner d\tau_3 \\ &= \mathcal{L}_{\xi_1} (\xi_2 \lrcorner d\tau_3) - \xi_2 \lrcorner \mathcal{L}_{\xi_1} d\tau_3 \\ &= \mathcal{L}_{\xi_1} \{\tau_2, \tau_3\} - \xi_2 \lrcorner d\{\tau_1, \tau_3\} \\ &= \xi_1 \lrcorner d\{\tau_2, \tau_3\} + d(\xi_1 \lrcorner \{\tau_2, \tau_3\}) - \{\tau_2, \{\tau_1, \tau_3\}\}, \end{aligned}$$

ou

$$(15) \qquad \{\{\tau_1, \tau_2\}, \tau_3\} = \{\tau_1, \{\tau_2, \tau_3\}\} + \{\{\tau_1, \tau_3\}, \tau_2\} + d(\xi_1 \lrcorner \xi_2 \lrcorner \xi_3 \lrcorner \Omega).$$

Par conséquent, l'identité de Jacobi est vraie pour $\mathcal{P}$ au terme $d(\xi_1 \lrcorner \xi_2 \lrcorner \xi_3 \lrcorner \Omega)$ près. Si $n = 1$, ce terme est nul puisque Ω est une forme de degré 2 ; dans ce cas $\mathcal{P} = P$ est une algèbre de Lie.

Le crochet de Poisson de $\mathcal{P}$ passe au quotient d'après (13) et nous donne un crochet de Poisson sur P. D'après (15) pour ce crochet de Poisson, l'identité de Jacobi est vraie; donc P est une algèbre de Lie, l'algèbre de Poisson. D'après (14), la suite (12) est une suite exacte d'algèbres de Lie, où $H^{n-1}(J_1(Y), \mathbb{R})$ est considéré comme un idéal abélien de P.

Si $X = \mathbb{R}$ et $Y = \mathbb{R} \times M$, la fibre de $J_1(Y)$ au-dessus de $t \in \mathbb{R}$ s'identifie à $T(M)$, et au-dessus de t la transformation de Legendre est une application

$$\sigma(L)_t : T(M) \to T^*(M) \ ,$$

que l'on supposera être une immersion. Si β est la 2-forme symplectique sur $T^*(M)$, alors la 2-forme $\sigma(L)_t^*\beta$ nous donne une structure symplectique sur $T(M)$; d'où pour $t \in \mathbb{R}$, un crochet de Poisson défini à l'aide de cette structure sur l'espace $C^\infty(\{t\} \times T(M))$ des fonctions différentiables à valeurs réelles sur la fibre de $J_1(Y)$ au-dessus de t, qui devient alors une algèbre de Lie. Si $\sigma(L)$ est une immersion, alors pour $t \in \mathbb{R}$, l'application

(16) $$P \to C^\infty(\{t\} \times T(M)) ,$$

qui à une forme $f \in P$ de degré 0 fait correspondre sa restriction à la fibre de $J_1(Y)$ au-dessus de t, est un homomorphisme d'algèbres de Lie. Ceci découle du fait que f appartient à P si et seulement s'il existe un champ de vecteurs ξ vertical sur $J_1(Y)$ tel que

$$df = \xi \lrcorner \Omega ,$$

qui est bien déterminé par cette condition, ou si $\zeta . f = 0$, c'est-à-dire si f est localement constant le long des courbes de la forme $u = j_1(s)$, où s est une extrémale. En coordonnées locales (cf. §3), on a

$$\xi = - \sum_{j=1}^m \frac{\partial f}{\partial p^j} \frac{\partial}{\partial q^j} + \sum_{j=1}^m \frac{\partial f}{\partial q^j} \frac{\partial}{\partial p^j}$$

et si $f, g \in P$

$$\{f, g\} = \sum_{j=1}^m \left(\frac{\partial f}{\partial q^j} \frac{\partial g}{\partial p^j} - \frac{\partial f}{\partial p^j} \frac{\partial g}{\partial q^j} \right) .$$

Donc l'algèbre P peut être considérée comme un espace de "fonctions sur l'ensemble des extrémales".

Si le champ d'Euler ζ engendre un groupe à 1-paramètre de difféomorphismes φ_t de $J_1(Y)$, l'application (16) est un isomorphisme d'algèbres de Lie, et P est de dimension infinie. Les opérateurs de la mécanique quantique proviennent d'une représentation (fidèle) de l'algèbre $C^\infty(\{t\} \times T(M))$ et donc de P .

Revenons maintenant au cas général. Il semblerait que, si $n \geq 3$, en général l'algèbre P soit de dimension finie. Par contre, on peut, d'une manière purement formelle, considérer P comme un espace de "fonctions sur l'ensemble des extrémales". Pour toute extrémale s et tout $\tau \in P$, on a

$$du^*\tau = u^*d\tau = u^*(\xi \lrcorner \Omega) = 0$$

si $u = j_1(s)$ et si τ vérifie (8), d'après le théorème 1 ; donc $u^*\tau$ est une forme fermée de degré $n-1$ sur X dont la classe de cohomologie $[\tau](s)$ dans $H^{n-1}(X,\mathbb{R})$ ne dépend que de l'image de τ dans P. Tout élément de P définit ainsi une fonction sur l'ensemble des extrémales à valeurs dans $H^{n-1}(X,\mathbb{R})$. Supposons maintenant que X soit de la forme $X = \mathbb{R} \times X_0$, où X_0 est une variété orientée de dimension $n-1$ et que le support de τ vérifie la condition suivante. Si $pr_1 : \mathbb{R} \times X_0 \to \mathbb{R}$ est la projection sur le premier facteur, on suppose que $pr_1 : \pi(\mathrm{supp}\ \tau) \to \mathbb{R}$ soit propre. Considérons les "surfaces genre espace" $Z_t = \{t\} \times X_0$, si $t \in \mathbb{R}$. Si ι_t est l'injection de Z_t dans X, on obtient une forme fermée $\iota_t^* u^*\tau$ de degré $n-1$ sur Z_t à support compact ; l'intégrale

$$\hat{\iota}(s) = \int_{Z_t} \iota_t^* u^*\tau$$

est indépendante de t et on obtient ainsi, pour chaque élément de P, une fonction $\hat{\tau}$ à valeurs réelles sur l'ensemble des extrémales.

Supposons qu'une famille à 1-paramètre de difféomorphismes $\Psi_t : J_1(Y) \to J_1(Y)$ soit une symétrie du système, i.e.

$$\Psi_t^*\Theta = \Theta .$$

Si ξ est le générateur infinitésimal de Ψ_t, alors

$$0 = \mathcal{L}_\xi\Theta = \xi \lrcorner \Omega + d(\xi \lrcorner \Theta),$$

de sorte que l'on ait (8) avec $\tau = -\xi \lrcorner \Theta$. Donc à toute symétrie correspond un élément $\tau \in P$. Supposons que Ψ_t satisfasse à $\pi \circ \Psi_t = \bar{\varphi}_t \circ \pi$, où $\bar{\varphi}_t$ est une famille à 1-paramètre de difféomorphismes de X. Si u est une section de $J_1^{\bullet}(Y)$ sur X, en posant $u_t = \Psi_t \circ u \circ \bar{\varphi}_t^{-1}$, l'équation (7) est vérifiée. Si $\bar{\xi}$ est le générateur infinitésimal de $\bar{\varphi}_t$, alors le champ de vecteurs le long de u tangent à u_t est

$$\xi \circ u - u_* \bar{\xi} \; ;$$

donc si s est une extrémale et $u = j_1(s)$, alors la forme fermée de degré $n-1$ donnée par le théorème de Noether est précisément $-u^* \tau$.

Université scientifique et médicale
de
GRENOBLE

et Université de Nice

REFERENCES

[1] H. GOLDSCHMIDT Integrability criteria for systems of non-linear partial differential equations. J. Differential Geometry, 1 (1967), pp. 269-307.

[2] H. GOLDSCHMIDT and S. STERNBERG The Hamilton-Cartan formalism in the calculus of variations. Ann. Inst. Fourier, Grenoble (à paraître).

[3] S. STERNBERG Lectures on differential geometry. Prentice Hall, Englewood Cliffs, N.J, 1964.

EXISTENCE DES APPLICATIONS HARMONIQUES

Jean-Claude Mitteau

1. (M,g) et (M',g') sont deux variétés riemanniennes. On suppose M *compacte* et (M',g') *complète* (au sens de la métrique déduite de la structure riemannienne). Désignons par μ_* l'application tangente d'une application C^∞ μ: M→ M'. On considère la *densité d'énergie* $e(\mu)= 1/2|\mu_*|^2$ et l'intégrale de cette densité. $E(\mu)= \int_M e(\mu)dv$, s'appelle l'*énergie* de μ, si v est la mesure de volume canonique de la variété (M,g). On appelle *application harmonique* une extrémale de la fonctionnelle $\mu \longmapsto E(\mu)$.

Soient $P \in M$, $Q= \mu(P) \in M'$. Considérons des systèmes de coordonnées locales $\{x^i\}$ sur M autour de P et $\{y^\alpha\}$ sur M' autour de Q. L'équation d'Euler de ce problème variationnel s'écrit

$$\tau(\mu)= 0 \qquad (1)$$

ou τ est l'opérateur différentiel polynomial donné en coordonnées locales par

$$[(\tau)\mu]^\alpha(P)= g^{ij}(P)\left\{\partial_i\mu^\alpha_j(P)+\Gamma^\alpha_{\beta\gamma}(Q)\mu^\beta_i(P)\mu^\gamma_j(P)-\Gamma^k_{ij}(P)\mu^\alpha_k(P)\right\}$$

μ^α_i désigne les composantes de l'application tangente.

Nous nous intéressons au problème de l'existence des solutions de l'équation (1).

2. La méthode la plus géométrique pour construire des solutions de (1) est la suivante: on considère l'application ν: $M \times [0,T) \longrightarrow M'$ satisfaisant l'équation parabolique

$$(2) \qquad \frac{\partial \nu}{\partial t} = \tau(\nu_t)$$

et une condition de Cauchy

$$(3) \qquad \nu_0 = f \in C^1(M,M').$$

Une telle solution existe toujours, si T est choisi assez petit {8}. On sait d'autre part que les solutions du probleme (2), (3) sont définies de façon unique sur tout intervalle $[0,T)$. Le programme est alors le suivant: prouver que la solution ν existe pour toutes les valeurs de T et que ν_t est adhérent, pour $t \longrightarrow \infty$ à une application qu'on espère harmonique {1}.

L'existence d'applications harmoniques dans le cas le plus général est problématique. La présence d'un terme quadratique en la dérivée première dans les équations (1) et (2) rend le comportement des solutions très instable.

Supposons cependant la courbure sectionnelle de (M',g') partout *negative ou nulle*. L'équation de l'énergie donne naissance a une inéquation parabolique linéaire [1]. Nous retrouvons dans ce cas un comportement qui est celui des solutions de systèmes linéaires ([1], [3],[4],[5]). Mais l'hypothèse faite est très limitative, en particulier topologiquement.

3. On connait des applications harmoniques dans le cas où la courbure de (M',g') est quelconque ([1],[9],

[10]). Par contre deux contre-exemples [1], montrent que dans certains cas il peut ne pas exister, dans une classe d'homotopie donnée, une application réalisant la borne inférieure dans la classe de l'énergie.

Une famille $\{\mu_i\}$ d'applications C^1 de M dans M' sera dite *C^1-bornée* si elle possède les propriétés suivantes:

a) $\bigcup_i \mathrm{Im}(\mu_i)$ est borné dans (M',g'),

b) $\sup_i \|e(\mu_i)\|_{L^\infty} < \infty$.

Pour tenter de progresser dans le cas où la courbure de (M',g') est quelconque, nous pouvons utiliser le résultat suivant [8]:

THÉORÈME 1

Supposons une solution de (2) et (3) C^1-bornée à priori. On a alors les propriétés suivantes:

a) *la solution de (2) et (3) existe sur* $M \times [0,\infty)$,

b) *pour tout* $k \geq 1$, *il existe une suite* $\{t_i\}_{i\in\mathbb{N}}$ *non bornée de réels positifs telle que* $\{\nu_{t_i}\}_{i\in\mathbb{N}}$ C^k-*converge, pour* $i \to \infty$,

c) $\nu_\infty = \lim_{i\to\infty} \nu_{t_i}$ *est* C^∞ *et harmonique.*

Pour démontrer ce théorème, nous utilisons les deux intermédiaires suivants:

i) une écriture de l'opérateur $\frac{\partial}{\partial t} - \tau$ dans une carte exponentielle de $C^k(M,M')$. Une telle écriture est toujours possible [6]. L'utilisation de la carte exponentielle nous permet de comparer directement les coefficients de l'équation (2) (écrite dans la carte) et par suite les majorations qui en découlent, aux invariants riemanniens des variétés (M,g) et (M',g') [6].

ii) Un théorème d'existence uniforme des solutions de l'équation (2) pour des conditions de Cauchy (3) prises dans un ensemble C^1-borné [8].

Le théorème 1 admet plusieurs corollaires. Celui qui nous intéresse est le suivant:

THÉORÈME 2

Supposons la courbure sectionnelle de (M',g') majorée. Il existe alors un réel $\varepsilon > 0$ tel que si $f \in C^1(M,M')$ vérifie $\|e(f)\|_{L^\infty} < \varepsilon$, alors on a les propriétés suivantes:

a) la solution v de (2) et (3) existe pour tout $t \geq 0$,

b) supposons $Im(v)$ bornée dans (M',g'). Alors v_t est adhérent, pour $t \to \infty$ à une application harmonique au moins.

Le théoreme 2 prend en compte le cas des applications harmoniques que sont les applications constantes. Il serait intéressant de trouver une classe d'homotopie non-triviale dans laquelle il s'applique.

4. H. Eliasson [2] montre qu'on peut se placer dans l'espace de Sobolev $\mathbb{L}_1^p(M,M')$, $p > n = \dim(M)$, pour obtenir une C^k-majoration a priori des solutions de (2). En fait, sur l'espace des solutions de (2), les distances C^1 et $\mathbb{L}_1^p$, $p > n$, donnent les mêmes informations:

PROPOSITION

Soit $\nu: M\times[0,T)\to M'$ *une solution de* (2). *On a équivalence entre les deux propriétés:*

a) ν_t *est majorée a priori dans* $\mathbb{L}_1^p(M,M')$, $p > n$, *uniformément en* $t\in[0,T)$,

b) *pour tout* T_0, $0 < T_0 \leq T$, ν_t *est majorée a priori dans* $C^1(M,M')$, *uniformément en* $t \in [T_0,T)$.

On utilise le lemme:

LEMME

Soit H *le noyau de Green de l'opérateur* $\Lambda = \Delta + \frac{\partial}{\partial t}$. *Soit* $\psi \in \mathbb{L}^p, p > n$. *Alors le produit de convolution*

$$(H*\psi)(P,t) = \int_0^t \int_M H(P,Q;\theta)\psi(Q,\theta)\, dv_Q\, d\theta$$

existe et, pour tout $\alpha\in]0,1[$, *on a la majoration*

$$\|(H*\psi)(.,t)\|_{\mathbb{L}^\infty(M)} \leq K_\alpha\, t^{1-\alpha}\, \|\psi\|_{\mathbb{L}^p(M)}.$$

Démonstration:

La construction explicite du noyau H et les majorations usuelles de la fonction $\exp(-\frac{\rho^2}{4\tau})\tau^{-n/2}$ fournissent une majoration

$$|H(P,Q;t)| \leq K'_\alpha t^{-\alpha}[\rho(P,Q)]^{2\alpha-n} + K''_\alpha .$$

Il est immédiat que $[\rho(P,Q)]^{2\alpha-n} \in \mathbb{L}^q(M)$ pour $1 \leq q < \frac{n}{n-1}$. L'inégalité de Hölder fait le reste, pourvu que

$$\frac{1}{p} + \frac{1}{q} = 1$$

ce qui est le cas ici. c.q.f.d.

Démonstration de la proposition:

(b) ===> (a) est évident. (a) ===> (b): la densité d'énergie $e = e(\nu)$ vérifie l'inéquation parabolique:

$$\Lambda e \leq 2(Re^2 - re)$$

ou R est une constante majorant la courbure sectionnelle de (M',g') dans le domaine utile (d'après le théorème de Sobolev, on a $\mathbb{L}_1^p \supset C^0$ et l'image de ν est relativement compacte). e est une fonction partout positive, ainsi que H. Il vient

$$e \leq 2(R\gamma - r)H * e + \int_M H(.,Q;t)e(Q,0)dv_Q$$

γ est ici un majorant de e sur $[0,t]$. Tout d'abord, on a $H(P,Q;t) \leq K$. Pour t assez petit, et e étant majoré a priori dans $\mathbb{L}^p$ on a $2RH*e < 1$ et un raisonnement standard montre que

$$\frac{KE-2RH*e}{1-2RH*e}$$

E est l'énergie de la condition de Cauchy, $E(\nu_t)$ est une fonction non-croissante de t [1].

c.q.f.d.

1. J.EELLS & H.SAMPSON. *Harmonic mappings of riemannian manifolds*.Amer.J.of Math.,86(1964),109-160.
2. H.I.ELIASSON.*On the existence of harmonic maps*. Warwick seminar on harmonic mappings, 1971.
3. R.S.HAMILTON. *Communication à: Summer school on global analysis*, Triestre 1972.
4. P.HARTMAN. *On homotopic harmonic maps*.Canad.J.Math. 9,(1967), 673 -687.
5. E. MAZET. *La formule de la variation seconde de l'énergie au voisinage d'une application harmonique*. Centre de Math., Ecole Polytechnique Paris, 1971.
6. J.C. MITTEAU. *Sur le laplacien des applications*.Comptes Rendus. Ac.Sc.París 270(1970), 603-605.
7. J.C. MITTEAU. *Sur l'existence des extrémales de l'énergie*. C. Rendus Ac.Sc. Paris 274, (1972) 1499-1501.
8. J.C. MITTEAU. *Sur les applications harmoniques*. A paraître.
9. E.A. RUH & J.VILMS. *The tension field of the Gauss map*. Trans. A.M.S. 149 (1970), 569-573.
10. R.SMYTH. Thèse, Warwick 1972.

E. N. S. A. E.

31 TOULOUSE-LESPINET

SUR LE CUT LOCUS D'UNE VARIETE PLONGEE (Résumé)

R. Thom

On évoque d'abord une théorie de la reconnaissance des formes dûe à l'Américain Harry Blum. Selon cette théorie, dès que nous percevons un objet A limité par un contour C qui le sépare du fond, tout se passe comme si tout point de C se met à émettre des ondes circulaires dans le champ visuel considéré comme plan. L'enveloppe de ces disques à un instant t est une courbe C_t parallèle à C . Dès que le rayon des disques dépasse le minimum du rayon de courbure, la courbe C_t traverse une singularité (queue d'aronde) et présente des points doubles. Le cut locus de A est le sous ensemble des points doubles des courbes C_t , K_m , ainsi défini : le complémentaire $A-K_m$ est fibré sur C par la normale minimale (qui est simple). Selon Harry Blum, ce sont des singularités de K_m , et les extrema de la fonction distance sur K_m , qui caractérisent la "forme" (au sens perceptif) de l'objet A .

On reprend alors cette notion dans le cadre général d'une application f d'une variété différentiable M^n dans l'espace auclidien R^{n+N} . On définit ainsi les singularités génériques d'un cut locus ainsi que, le cut locus maximal. On décrit les singularités génériques de ces cut loci pour les petites dimensions. On montre enfin que pour tout plongement i du cercle S^1 dans le plan R^2 cut locus minimal et cut locus maximal se rencontrent.(Tous ces résultats figurent dans un article : Sur le cut locus d'une variété plongée, à paraître au Journal of Differential Geometry dans l'un des numeros consacrés au jubilé Chern-Spencer).

A CERTAIN CONFORMAL STRUCTURE *

A. G. Walker

1. The algebra of bivectors and other tensors with anti-symmetry has received a great deal of attention and has been applied to projective geometry, for example, and more recently to general relativity. Here the algebra of the curvature tensor is related to the problem of classifying space-times (4-dimensional manifolds with signature (1,3)) for models with certain physical characteristics.** Still more recently A.H. Taub† has developed the algebra into a calculus that can be used to write

---

* This is part of some work carried out at the University of California, Berkeley, and supported by the United States Atomic Energy Commission."

** See, for example, the catalogue of "Petrov types" as described by F.A.E. Pirani in his article on Gravitational Radiation (Gravitation, ed. L.Witten, John Wiley & Sons, 1962). Some of this work on the algebra of the curvature tensor was foreshadowed by H.S. Ruse in his papers on this subject. See Proc.Soc.Edin. 52 (1944), 64; J.Lond.Math.Soc. 19 (1944), 168; and Quart.J.Math., 17(1946), 1.

† Details of this work have not yet been published, and I am indebted to Professor Taub for being allowed to see it and for many interesting conversations on this subject.

the field equations of general relativity in a more manageable form, and there is every indication that this will contribute to a number of important problems.

The present paper describes first the algebra of bivectors on a complex vector 4-space, leading to a quaternionic structure. Most of this is well known, but the final theorem may not be so familiar in its present form. In the second part of the paper we consider a quaternionic structure on a differential 4-manifold. This determines a unique conformal metric, an invariant connection and a sequence of conformally invariant tensor fields. These are invariants of the given structure, and can be expected to be relevant to any applications of this work.

2. Let T be a 4-dimensional vector space over the complex field and $\mathcal{L}(T)$ the set of endomorphisms of T, i.e. tensors of type (1,1). Then $\mathcal{L}(T)$ is a 16-dimensional vector space. Let g be an inner product on T, i.e. a non-singular symmetric tensor of type (0,2). Then $u \in \mathcal{L}(T)$ will be called a <u>mixed bivector</u> (with respect to g) if the covariant second order tensor gu is anti-symmetric. The set U of mixed bivectors is a 6-dimensional subspace of $\mathcal{L}(T)$.

The space U admits two involutory automorphisms $\pm\,\varepsilon$ most easily defined in terms of a basis of T. Relative to any such basis, let* $u^{\lambda}_{\cdot\mu}$ be the components of $u \in U$. Then the $\binom{\lambda}{\mu}$ components of $\pm\,\varepsilon\,(u)$ are $\pm\varepsilon^{\lambda\cdot\ \rho}_{\cdot\mu\cdot\sigma}u^{\sigma}_{\cdot\rho}$ where

$$\varepsilon^{\lambda\cdot\rho}_{\cdot\mu\cdot\sigma} = \surd\,(\det g)g^{\lambda\nu}g^{\rho\tau}e_{\nu\mu\tau\sigma} \tag{1}$$

---

* Throughout the present paper Greek suffixes take values 1,...,4 and Latin suffixes 1,2,3.

Here $g_{\lambda\mu}$ are the components of g, det g= det($g_{\lambda\mu}$), the matrix ($g^{\rho\sigma}$) is the inverse of ($g_{\lambda\mu}$), and $e_{\nu\mu\tau\sigma}= \pm 1,0$ is the permutation number for ($\nu\mu\tau\sigma$). It is well known that

($\varepsilon^{\lambda\cdot\rho}_{\cdot\mu\cdot\sigma}$) is a relative tensor of type (2,2),i.e. transforms as a tensor under a change of basis of T except that, for certain changes of basis, the new components will be -1 times the transforms of the old components, i.e. the tensor "changes sign". Thus $\varepsilon(u)$ and - $\varepsilon(u)$ are well defined relative to each basis but are not always given by the same formula.[†] It is easily verified that $\varepsilon^2(u)= u$.

Writing $u^*= \varepsilon u$, $u \in U$, and following the usage in applications, we call u^* the <u>dual</u> of u, and say that u is <u>self-dual</u> if $u^*= u$ and <u>anti-self-dual</u> if $u^*= -u$. Clearly for any $u \in V$, u= v+w where v= 1/2(u + u^*) is self-dual and w= 1/2(u - u^*) is anti-self-dual. Thus U descomposes into $V \oplus W$ where V,W are the sets of respectively self-dual and anti-self-dual mixed bivectors. It is easily seen that V and W are 3-dimensional subspaces of U.

There is in $\mathcal{L}(T)$ a natural inner product <u>a</u> defined conveniently by

$$a(p,q)= -1/4 \operatorname{tr}(pq) \qquad p,q \in \mathcal{L}(T). \tag{2}$$

From the formula for ε it can be verified that for any

---

† In applications T is the complex extension of the tangent plane T_0 to a real 4-dimensional differential manifold The allowable bases of T are the bases of T_0, so that the allowable changes of basis are real. Also the metric g is real, i.e. the components $g_{\lambda\mu}$ are real, and in (1) $\sqrt{(\det g)}$ is positive real if det g > 0, and is $i\sqrt{(-\det g)}$ if det g<0 as in relativity. The formula for ε now changes sign when and only when the change of basis is T_0 reverses its orientation.

$u, u' \in U$,

$$a(u^*, u'^*) = a(u, u') \qquad (3)$$

If now $v \in V$ and $w \in W$, then $v^* = v$, $w^* = -w$ and

$$a(v, w) = a(v, -w) = 0 \qquad (4)$$

Thus V, W are orthogonal with respect to a.

From its definition a is at once seen to be non-singular and we now see that its restriction to V is also non-singular, i.e. $a(v, v') = 0$ for all $v' \in V$ iff $v = 0$. For if $a(v, v') = 0$ for all $v' \in V$, then v is orthogonal to V in U and so $v \in W$; but $V \cap W = \{0\}$.

For any $u, u' \in U$, writing $[u, u'] = uu' - u'u$, then $[u, u'] \in U$ and it can be verified that.

$$[u, u']^* = [u, u'^*] = [u^*, u'] \, . \qquad (5)$$

Taking $u = v \in V$ and $u' = w \in W$ it follows at once that $[v, w] = 0$, i.e. for any $v \in V$ and $w \in V$

$$vw = wv. \qquad (6)$$

Also, taking $u = v$ and $u' = v'$ in (5), we see that, for any $v, v' \in V$,

$$[v, v'] \in V. \qquad (7)$$

Another identity that follows inmediately from the formula for ε is, for any $u \in U$,

$$uu^* = -a(u, u^*)I$$

where I is the identity in $\mathcal{L}(T)$. In particular, taking $u = v \in V$, we have, for every $v \in V$,

$$v^2 = -a(v,v)I \tag{8}$$

Equations (7) and (8) are sufficient to characterise the algebra of V, as will soon be seen.*

If now $\{v_i\}$ is a basis for V and a_{ij} is written for $a(v_i,v_j)$, then (8) can be linearised by writing $v=v_i + v_j$ and we get

$$v_iv_j + v_jv_i = -2a_{ij}I, \quad i,j, = 1,2,3. \tag{9}$$

Also (7) can be written

$$v_iv_j - v_jv_i = 2a_{ij}^{\cdot\cdot k}v_j \tag{10}$$

for some numbers $a_{ij}^{\cdot\cdot k}$ and from these two equations it is easily deduced that

$$a_{ij}^{\cdot\cdot k} = a^{k\ell}a_{ij\ell} \quad , \quad a_{ij\ell} = \sqrt{(\det(a_{mn}))}e_{ij\ell} \tag{11}$$

where the matrix $(a^{k\ell})$ is the inverse of (a_{mn}) and $e_{ij\ell} = \pm1,0$ is the permutation number for $(ij\ell)$. Here the sign of the square root can be changed, but this is merely equivalent to reversing the basis $\{v_i\}$.

When the basis $\{v_i\}$ for V is changed, (a_{ij}) undergoes a congruence transformation, and a basis can therefore be chosen to give $a_{ij} = \delta_j^i$. Then $a_{ij\ell} = e_{ij\ell}$ and (9) and (10) become equivalent to

$$v_1^2 = v_2^2 = v_3^2 = v_1v_2v_3 = -I \tag{12}$$

---

* Dr. I.R. Porteous has pointed out to me that this is also seen immediately by reference to the catalogue of Clifford Algebras. See for example I.R. Porteous, <u>Topological Geometry</u> (Van Nostrand-Reinhold, 1969) Chapter 13.

showing that the algebra on V is quaternionic. There is, of course, a similar algebra on the other component W of $\mathbb{U}$.

3. In this algebraic summary the inner product g on $\mathcal{L}$(T) plays an assential part in the definitions of a mixed bivector and of the automorphisms $\pm\varepsilon$ but it may be noted that all the results are unchanged if g is replaced by cg where c is any non-zero number. When applied to geometry we would call g a metric (strictly a metric tensor) and cg for arbitrary non-zero c is a conformal metric. Thus what we have done so far depends on a conformal metric rather than a metric.

Now consider the structural equations (7) and (8) for the algebra of V (or (9) and (10) referred to a basis) with similar equations for the algebra of W and also equations (6) relating V and W. In these equations the metric g does not appear, and this suggest the following definitions and theorems which can in fact be easily verified.

Let V be a 3-dimensional subspace of $\mathcal{L}$(T) with a quaternionic structure, i.e. such that, for any v, $v' \in V$,

$$[v, v'] \in V, \quad v^2 = -a(v,v)I, \quad a(v,v') = -1/4 \, tr(vv') \qquad (13)$$

where a is non-singular. Let W be the trace-free* commutator of V in $\mathcal{L}$(T), i.e. the subspace of $\mathcal{L}$(T) defined by

$$W = \{w \in \mathcal{L}(T) : \text{tr } w = 0,\ wv = vw \quad \forall v \in V\}. \qquad (14)$$

Then W is 3-dimensional, $V \cap W = \{0\}$, and the algebra of W is quaternionic, i.e. W also satisfies relations similar to (13). Further, there is a non-singular covariant second order tensor g on $\mathcal{L}(T)$ such that, for every $v \in V$ and $w \in W$, the covariant tensors gv and gw are antisymmetric; g is symmetric, and is unique except for an arbitrary multiplicative number, i.e. there is a unique conformal metric of which g is representative. With respect to this metric, V, W are the spaces of self-dual and anti-self-dual mixed bivectors.

As mentioned before, bases of T are restricted in applications so that allowable transformations are real and the components of g (or ratios of these components in the case of a conformal metric) are real. From the definitions of V and W as spaces of mixed bivectors it is seen that, relative to a basis for T giving g real and det g > 0, we have $\overline{V} = V$ and $\overline{W} = W$, and if det g<0 then† $\overline{V} = W$. With the revised definition of V and W given in the present section, a basis for T gives a real representative g iff $\overline{V} = V$ or $\overline{V} = W$; if $\overline{V} = V$, then $\overline{W} = W$ and det g > 0, and if $\overline{V} = W$, then det g < 0.

---

* The fact that a mixed bivector has zero trace is an immediate consequence of its definition. with the present definition of V, it can be verified that tr v= 0 is a consequence of (13).

† This is particularly useful in relativity where g has signature (1,3) since it means that if $\{v_i\}$ is a basis for V then there is a naturally associated basis $\{\overline{v}_i\}$ for W.

4. We now consider what will be called a quaternionic structure on a real 4-dimensional differential manifold, i.e. tensor fields v_i, i= 1,2,3, of type (1,1), satisfying

$$v_i v_j = -a_{ij} I + a_{ij}^{\cdot\cdot k} v_k \tag{15}$$

where $a_{ij} = -1/4\, tr(v_i v_j)$, $\det (a_{ij}) \neq 0$ and $a_{ij}^{\cdot\cdot k}$ is given by (11). This is equivalent to (9) and (10). In particular we could have v_1, v_2 satisfying *

$$v_1^2 = v_2^2 = -I, \qquad v_1 v_2 + v_2 v_1 = 0 \tag{16}$$

and define

$$v_3 = 1/2(v_1 v_2 - v_2 v_1) \tag{16'}$$

from which (15) is seen to be satisfied with $a_{ij} = \delta_j^i$.

Structures defined by (16) and (16') on manifolds of higher dimensions have been studied by Obata but from a different point of view: in dimension greater than 4 there is no unique conformal metric defined by the structure.

The tensor fields v_i are not necessarily real but are assumed to satisfy either $\overline{v}_i = \alpha_i^j v_j$ for some α_i^j or $\overline{v}_i v_j = v_j \overline{v}_i$ (i,j= 1,2,3), corresponding to $\overline{V} = V$ or $\overline{V} = W$ in §3. It then follows from the theorem of 3 that the given structure determines a unique conformal riemannian metric cg with a real representative metric g having the property that the tensor fields gv_i of type (0,2) are anti-symmetric. Any conformal invariant of cg is therefore an invariant and it may be of interest, and possibly some use, to construct some of the less obvious such invariants. The more obvious ones are, of course, te product $g^{-1} \otimes g$ and the conformal (Weyl) tensor of type (1,3) determined by cg.

Associated with g there is a covariant differential operator ∇ with the properties $\nabla g = 0$ and $\nabla \varepsilon = 0$ where ε is the tensor field of type (2,2) defined (to within sign) by g as in (1). Since v_i is self-dual, i.e. $v_i = \varepsilon v_i$, it follows that ∇v_i satisfies the same relation and so is self-dual. Hence, if ∇_λ are the components of ∇ relative to an allowable coordinate system,

$$\nabla_\lambda v_i = \Gamma^{j}_{\cdot i\lambda} v_j$$

for some $\Gamma^{j}_{\cdot i\lambda}$. Writing* $\Gamma_{ji} = a_{jk}\Gamma^{k}_{\cdot i\lambda}$ and using (15) we have

$$\Gamma_{ji\lambda} = (-1/4)\,\mathrm{tr}(v_j \nabla_\lambda v_i) \qquad (17)$$

and therefore

$$\Gamma_{ij\lambda} + \Gamma_{ji\lambda} = (-1/4)\,\mathrm{tr}\nabla_\lambda (v_i v_j) = \partial_\lambda a_{ij}.$$

If now we define

$$\Gamma^{k}_{\cdot\lambda} = (1/2)a^{ijk}\Gamma_{ij\lambda}$$

then

$$a_{ijk}\Gamma^{k}_{\cdot\lambda} = (1/2)(\Gamma_{ij\lambda} - \Gamma_{ji\lambda})$$

and we have

$$\Gamma_{ij\lambda} = a_{ijk}\Gamma^{k}_{\cdot\lambda} + (1/2)\partial_\lambda a_{ij} \qquad (18)$$

---

* Latin suffixes will be lowered and raised by means of a_{ij} and a^{ij} in the usual way.

The components Γ^k_λ are invariants for g but not conformal invariants. They will be seen to be useful, however, in the construction of conformally invariant tensor fields**.

5. If the metric g is representative of the conformal metric defined by the given structure, any other representative metric is $\hat{g} = e^{2\theta}g$ for some function θ, and the corresponding connection coefficients* are related by

$$\widehat{\left\{{}^{\lambda}_{\mu\nu}\right\}} = \left\{{}^{\lambda}_{\mu\nu}\right\} + \delta^{\lambda}_{\mu}\theta_{\nu} + \delta^{\lambda}_{\nu}\theta_{\mu} - g_{\mu\nu}g^{\lambda\tau}\theta_{\tau} \tag{19}$$

where $\theta_\tau = \partial_\tau\theta$. It is now a matter of calculation to find the relation between $\Gamma_{ij\lambda}$ and $\hat{\Gamma}_{ij\lambda}$ defined as in (17), and by using (15) we find, writing $v^{\mu}_{k.\lambda}$ for the components of v_k,

$$\hat{\Gamma}_{ij\lambda} - \Gamma_{ij\lambda} = a_{ij}^{\cdot\cdot k}v_{k.\lambda}^{\ \mu}\theta_{\mu}$$

Hence, from (18),

$$\hat{\Gamma}_{i\lambda} - \Gamma_{i\lambda} = v^{\mu}_{i.\lambda}\theta_{\mu}\ , \quad \Gamma_{i\lambda} = a_{ij}\Gamma^{j}_{\cdot\lambda} \tag{20}$$

** The coefficients $\Gamma^{j}_{\cdot i\lambda}$ together with the Christoffel connection defining ∇ form a generalised connection defining a differential operator $\tilde{\nabla}$. This acts on a "mixed" tensor whose components involve both Greek and Latin suffises and gives $\tilde{\nabla}v_i = 0$, $\tilde{\nabla}a_{ij} = 0$. The connection $\tilde{\nabla}$ is of some geometrical interest but is not conformally invariant and so is not relevant to the present discussion.

* The methods and notation used here are those of classical differential geometry, tensor fields, connections, etc. being described by their components relative to some (any) allowable coordinate system. It is not clear to me how some of the calculations could be carried out using the suffix-free methods now generally preferred; if such methods could be applied here they would probably give a clue to the geometrical meaning of some of the conformally invariant tensor fields constructed later.

and we find, using (15),

$$\theta_\lambda = \xi_\lambda - \hat{\xi}_\lambda \tag{21}$$

where,

$$\xi_\lambda = 1/3\ \Gamma^{i}_{\cdot\mu} v_{i\cdot\lambda}^{\mu} \tag{22}$$

Substituting for θ_μ in (20) and writing

$$b_{i\lambda} = \Gamma_{i\lambda} + v_{i\cdot\lambda}^{\mu}\xi_\mu \tag{23}$$

we now have

$$\hat{b}_{i\lambda} = b_{i\lambda}$$

showing that $b_{i\lambda}$ <u>are the components of a conformal invariant.</u>

6. On substitution from (21), (19) can be written

$$\hat{L}^\lambda_{\mu\nu} = L^\lambda_{\mu\nu}$$

where

$$L^\lambda_{\mu\nu} = \left\{{\lambda \atop \mu\nu}\right\} + X^\lambda_{\mu\nu} \tag{24}$$

and

$$X^\lambda_{\mu\nu} = \delta^\lambda_\mu \xi_\nu + \delta^\lambda_\nu \xi_\mu - g_{\mu\nu} g^{\lambda\tau} \xi_\tau \tag{25}$$

Since $X^\lambda_{\mu\nu}$ are components of a tensor of type (1,2) and $\left\{{\lambda \atop \mu\nu}\right\}$ are symmetric connection coefficients it follows that L, with components $L^\lambda_{\mu\nu}$, is a connection and is torsion-free. <u>Hence L is a conformally invariant torsion-free, connection determined uniquely by the given structure.</u>

With the connection L we have a covariant differential operator Δ, and if A is a conformally invariant tensor fiel of type (r,s), then ΔA is a conformally invariant tensor field of type (r,s+1). For example, applying Δ to v_i, we find after some calculation*.

$$\Delta_\lambda v_i = (a_i^{\cdot jk} b_{j\lambda} + (1/2)\, a^{jk} \partial_\lambda a_{ij}) v_k$$

where $(b_{j\lambda})$ is the conformal invariant already constructed. Thus this produces no invariant that we do not already have.

To every connection there corresponds a curvature tensor field of type (1,3). This is given, for example, by the Ricci identity which in the present case is

$$(\Delta_\sigma \Delta_\rho - \Delta_\rho \Delta_\sigma) A_\mu = A_\lambda L^\lambda_{\cdot\mu\rho\sigma}$$

where A_μ are the components of any covariant vector field and $L^\lambda_{\cdot\mu\rho\sigma}$ are the components of the curvature tensor defined by the connection L. This curvature tensor is therefore conformally invariant, and after some calculation we find

$$L^\lambda_{\cdot\mu\rho\sigma} = C^\lambda_{\cdot\mu\rho\sigma} + B^\lambda_{\cdot\mu\rho\sigma} \tag{26}$$

where $C^\lambda_{\cdot\mu\rho\sigma}$ are the components of the conformal tensor defined by cg and $B^\lambda_{\cdot\mu\rho\sigma}$ are the components of a new tensor field which is again conformally invariant.

In terms of any representative metric g the components $B^\lambda_{\cdot\mu\rho\sigma}$ can be expressed in the form

$$\begin{aligned} B^\lambda_{\cdot\mu\rho\sigma} &= \delta^\lambda_\mu (B_{\sigma\rho} - B_{\rho\sigma}) + \delta^\lambda_\sigma B_{\mu\sigma} - \delta^\lambda_\rho B_{\mu\sigma} \\ &\quad + g_{\mu\rho} B^\lambda_{\cdot\sigma} - g_{\mu\sigma} B^\lambda_{\cdot\rho} + (1/3) B (\delta^\lambda_\rho g_{\mu\sigma} - \delta^\lambda_\sigma g_{\mu\rho}) \end{aligned} \tag{27}$$

---

* Such calculations can be quite complicated, requiring identities arising out of (15) such as, for example,

$$a_i^{\cdot jk} v_{j\lambda\mu} v_{k\rho\sigma} = g_{\lambda\sigma} v_{i\mu\rho} + g_{\mu\rho} v_{i\lambda\sigma} - g_{\lambda\rho} v_{i\mu\sigma} - g_{\mu\sigma} v_{i\lambda\rho}$$

where

$$B_{\lambda\mu} = (1/2) R_{\lambda\mu} + v_{\mu}\xi_{\lambda} - \xi_{\lambda}\xi_{\mu} + g^{\nu\tau}((1/2)\nabla_{\tau}\xi_{\nu} + \xi_{\nu}\xi_{\tau}) g_{\lambda\mu} \quad (28).$$

$R_{\lambda\mu}$ are the components of the Ricci tensor (contracted curvature tensor) defined by g, $B^{\lambda}_{\cdot\sigma} = g^{\lambda\nu}B_{\nu\sigma}$, and $B = B^{\lambda}_{\cdot\lambda}$. From the fact that $(B^{\lambda}_{\cdot\mu\rho\sigma})$ is conformally invariant we can now deduce that $(B_{\lambda\mu})$ is conformally invariant.

From (27) we find

$$B^{\lambda}_{\cdot\rho\mu\lambda} = 3\, B_{\rho\mu} - B_{\mu\rho}$$

and hence

$$B_{\mu\rho} = (1/8)(3B^{\lambda}_{\cdot\mu\rho\lambda} + B^{\lambda}_{\cdot\rho\mu\lambda})$$

which proves that $(B_{\lambda\mu})$ in conformally invariant. Since the invariance of $(B^{\lambda}_{\cdot\mu\rho\sigma})$ follows from that of $(B_{\lambda\mu})$ we can get no further information from (27).

We now have as invariants of the given structure the tensor fields v_i, $g^{-1}\otimes g$, $(C^{\lambda}_{\cdot\mu\rho\sigma})$, $(b_{i\lambda})$ and $(B_{\lambda\mu})$ and the torsión-free connection L with the associated covariant differential operator Δ. It is an open question whether every invariant of the structure is a combination of these tensor fields and their covariant derivatives.

Department of Pure Mathematics.
University of Liverpool, England

MINIMAL CONFORMAL IMMERSIONS

T. J. Willmore

1. At Santiago, 1967, I proved the following theorems 1 and 2 {4}.

THEOREM 1

Let M be a closed, orientable surface, differentiable of class C^∞, and let $f: M \longrightarrow E^3$ be a C^∞-immersion of M into euclidean space of three dimensions Let H denote the mean curvature of $f(M)$ and denote by $*1$ the volume element of $f(M)$ induced from the euclidean metric of E^3. Then

$$1/2\pi \int_M H^2 * 1 \geqslant 2.$$

Equality holds if and only if M is imbedded as a euclidean sphere.

(This theorem has since been generalized by B.Y. Chen to the case of M immersed in E^N, where $N \geqslant 3$).

THEOREM 2

Let T be a 2-dimensional torus and let $f: T \longrightarrow E^3$ be a C^∞-immersion of T into E^3 so that $f(T)$ has the shape of an anchor ring, generated by rotating a circle of radius a about a line whose distance from the centre of the circle is b. Evidently $0 < a/b < 1$. Then

$$1/2\pi \int_M H^2 * 1 \geqslant \pi .$$

Equality holds if $a/b = 1/\sqrt{2}$.

In 1967 I conjectured that the above inequality holds for T immersed as an arbitrary torus. Confirmatory evidence is given by the following unpublished result of Hombu, sent to me in a private communication.

THEOREM 3

Let T be a 2-dimensional torus and let $f: T \rightarrow E^3$ be a C^∞-imbedding of T as a surface of revolution. Then

$$1/2\pi \int_T H^2 * 1 \geqslant \pi ,$$

equality holding for the special torus of theorem 2.

I obtained additional evidence to support the conjecture by the following result {5}.

THEOREM 4

Let S^1 denote the unit 1-sphere and let $f: S^1 \longrightarrow E^3$

be an immersion so that $f(S^1)$ is a closed curve in E^3. We form a tubular surface by carrying a circle round the curve so that its centre traces out the curve while the circle lies in the normal plane of the curve at each point. For such a surface

$$1/2\pi \int H^2 * 1 \geq \pi,$$

equality holding only for the special torus of theorem 2.

However, the conjecture that the inequality holds for an arbitrary immersion of the torus remains an open problem. Moreover, similar inequalities for the immersion of a closed surface of genus g remain unknown.

2. In an attempt to gather more information about such inequalities B.Y. Chen {1} considered the following problem. Let M be an m-dimensional closed, orientable differentiable manifold, and let $f: M \to E^{m+1}$ be an immersion of M as a hypersurface of E^{m+1}. Let H denote the mean curvature vector field, and consider the integral

$$I(f)= \int_M \langle H,H\rangle^{m/2} *1.$$

We now consider a normal deformation f_t so that $f_t(M)$ is obtained from $f(M)= f_o(M)$ by displacement along the normal for $t \in [0,1]$. More precisely we write

$$x_t= x_0 + t\phi n.$$

We denote the corresponding integral for the displaced surface by $I(f_t)$, and write

$$\delta I = \frac{\partial I}{\partial t}\Big|_{t=0}.$$

The Euler equation corresponding to the relation $\delta I = 0$ was found by Chen to be

$$\Delta H^{m-1} + m(m+1)H^{n+1} + H^{m-1}R = 0 \qquad (2.1)$$

where Δ is the Laplacian operator of the metric induced on M, R is the scalar curvature of this metric, and H is the length of the vector H. In fact the sign of R in (2.1) is opposite to that in {1} because Chen uses a sign convention for the Ricci curvature different from ours -we follow Eisenhart and Milnor.

Bott (2.1) and the special case when m= 2 which reduces to

$$\Delta H + 2H(H^2 - K) = 0 \qquad (2.2)$$

were known to Professor Voss, of Zurich, during the nineteen-fifties but he never published these results.

Recently {6} I obtained the Euler equation corresponding to the more general case of immersions of M as a hypersurface of an arbitrary riemannian manifold M', of dimension m+1. If we denote by $(R'_{\alpha\beta})$the Ricci tensor of M' and by R' its scalar curvature, the Euler equation corresponding to (2.1) is

$$\Delta H^{m-1} + m(m+1)H^{m+1} + H^{m-1}\{R - R' - R'_{\alpha\beta}n^{\alpha}n^{\beta}\} = 0 \qquad (2.3)$$

where (n^{α}) is the unit normal vector field.

This generalisation is interesting for two reasons -first it shows that the Euler equation in the Riemannian case is only slighbly more complicated than for the euclidean case. Secondly the obvious solution H= 0 of (2.1) has no geometrical significance because it is well-known that no compact minimal hypersurfaces of E^{m+1} exist, but compact minimal hypersurfaces do exist for certain riemannian manifolds M^{m+1} so that the obvious solution H= 0 of (2.3) may well have geometric significance. For example, the Clifford torus given by

$$\left.\begin{aligned} x_1 &= 1/\sqrt{2} \quad \cos u \\ x_2 &= 1/\sqrt{2} \quad \sin u \\ x_3 &= 1/\sqrt{2} \quad \cos r \\ x_4 &= 1/\sqrt{2} \quad \sin v \end{aligned}\right\} \qquad (2.4)$$

is imbedded as a minimal hypersurface of S^3 and hence H= 0.

As an example of results obtained from a consideration of (2.3), we proved in {6}.

THEOREM 5

Let dim M= odd, let M' have negative definite Ricci tensor (as, for example, a sphere). Then an immersion $f: M \longrightarrow M'$ for which $\delta I = 0$ is necessarily such that f(M) is a minimal hypersurface of M'.

3. My attention was drawn recently to a research announcement by White, to appear in the Bulletin of the American Mathematical Society, which stated that in volume 3

of Blaschke's Introduction to Differential Geometry it is asserted that

$$(H^2-K)* 1$$

is a conformal invariant. Since by the Gauss-Bonnet Theorem for a closed surface we know that $\int K* 1$ is a topological invariant, it follows that

$$\int H^2 * 1$$

is a conformal invariant. If we start with the special torus of theorem 2 and invert with respect to a sphere of general positive, we obtain a surface whose lines of curvature are circles but which in general is not an anchor ring. Because inversion is a conformal mapping the new surface will have the same value of $\int H^2 *1$ as the special torus. Then

THEOREM 6

There are toral surfaces in E^3 other than the special torus of theorem 2 for which

$$1/2\pi \int H^2 * 1 = \pi .$$

It is interesting to note that the conformal invariance of $\int H^2 *1$ was clearly stated in a paper by Thomsen in 1923 {3}: moreover, equation (2.2) can be found explicitly in this paper and is atributed to Shepherd in 1922. So much for originality!!!.

A natural problem arises to generalize the integrand for an m-dimensional manifold so that the integral is a conformal invariant and so that the Euler equation $\delta I = 0$ has a manageable form.

Consider the equation for the principal curvatures

$$k^m - \sigma_1 k^{m-1} + \sigma_2 k^{m-2} \dots \pm \sigma_m = 0 \qquad (3.1)$$

when σ_i denotes the elementary symmetric polynomial of degree i of the roots.

Consider the conformal map $\langle,\rangle_p \longrightarrow (\phi(p))^2 \langle,\rangle_p$ where $\phi: M \longrightarrow R^+$ is a strictly positive real-valued function on M.

If we denote the roots of (3.1) with respect to the metric $\langle,\rangle$ by $k_1, k_2, \dots, k_m$, and the roots will respect to the new metric by $\hat{k}_1, \hat{k}_2, \dots, \hat{k}_m$, then it is not difficult to prove that

$$\hat{k}_i - \hat{k}_j = (k_i - k_j)/\phi \; , \; i < j. \qquad (3.2)$$

Moreover, we find

$$\hat{*} 1 = \phi^m * 1.$$

The discriminant of (3.1) is given by

$$D = \prod_{i<j} (k_i - k_j)^2.$$

A simple computation now shows that

$$I = \int_M D^{1/(m-1)} * 1 \qquad (3.3)$$

is conformally invariant, and this integral reduces (modulo a constant factor) to

$$\int (H^2-K)_* 1 \qquad \text{when } m=2,\ M'=E^3.$$

However, the Euler equation for the problem $\delta I= 0$ where I is given by (3.3) is extremely complicated. Some other generalization of H^2-K must be found other than (3.3).

If we define $H_i = \sigma_i / \binom{m}{i}$,

it is not difficult to check that

$$I= \int_M (H_1^2 - H_0 H_2)^{m/2} {}_* 1 \qquad (3.4)$$

is conformally invariant. Moreover, the Euler equation corresponding to the problem $\delta I= 0$ with I given by (3.4) is manageable. This work was done by myself and independently by Voss and Karcher jointly during the summer of 1972. However the form of the equation obtained by Voss and Karcher seems to be more significant than mine, so I reproduce the precise form as given by them in a lecture at Oberwolfach, September 1972.

Let ℓ denote the second fundamental form with respect to the normal vector field N. Then the conformal change of metric $g \to \bar{g}= \lambda^2 g$ leads to a change of second fundamental form $\ell \to \bar{\ell}= \lambda(\ell + D_N \log \lambda \cdot g)$. It follows that $\int (H_1^2 - H_2)^{m/2} {}_* 1$ is a conformal invariant

Let $\psi= (H_1^2-H_2)^{m/2-1}$; let $d^{ij}= \frac{1}{(n-1)} (\ell^{ij} - H_1 g^{ij})$;

Let R= curvature tensor, Ric= Ricci tensor of the metric on M'.

Then Euler's equation can be written

$$0 = \Psi.\left[\Delta H_1 + m\{(m-1)H_1(H_1^2-H_2) + \frac{m-2}{2}(H_3 - H_1H_2)\} + d^{ij}R(N,X_i,N,X_j)\right.$$

$$\left. -Ric(N,X^i),_i\right] + 2(H_1^i - Ric(N,X^i))\Psi_i + d^{ij}\ \Psi_{ij}.$$

A significant corollary to the writing of the equation in this form is that the awkward curvature terms disappear in the particular case when M' has constant sectional curvature. In particular, it may be profitable to study the problem $\delta I = 0$ when M' is the sphere S^{m+1}. As we remarked in (2.4), the Clifford torus is minimally embedded in S^3, and it can be proved that $1/2\Pi \int H^2 * 1 = \Pi$ in that case. Voss has remarked that *stereographic projection of the Clifford torus from the north pole of S^3 to the equatárial space R^3 gives precisely the special torus in R^3 referred to in theorem 2.*

Now Lawson {2} has recently shown that there are minimal hypersurfaces of S^3 of arbitrary genus g. It seems very likely that stereographic projection into the equatorial plane R^3 will produce surfaces of genus g for which

$$1/2\Pi \int H^2 * 1$$

attains minimal values. In this way it may be possible to find inequalities which will solve the problem mentioned at the end of section 1.

In conclusion, I should like to thank Professors Voss and Karcher for many stimulating discussions held at Oberwolfach during 1972.

R E F E R E N C E S

1 CHEN, B.Y.
Journal of Lond.Math.Soc. (in press).

2 LAWSON, B.
Global Analysis. (Proc.Sympos.Pure Math., vol. XV, Berkeley, Calif., 1968) pp. 275-282. Amer. Math.Soc., Providence, R.I. 1970. M.R. 41, 7550.

3 THOMSEN, G.
Abh.Math.Sem.Univ. Hamburg 1923, 31-56.

4 WILLMORE, T.J.
Actas 2° Coloquio Internacional sobre Geometría Diferencial, Santiago, 1967 7-9.

5 WILLMORE, T.J.
Journal Lond.Math.Soc. 1971, 307-310.

6 WILLMORE, T.J. and JHAVERI, C.S.
Oxford Quarterly Journal, 1972, 319-323.

IV. GROUPES ET ALGEBRES DE LIE

INVARIANTS DIFFERENTIELS D'UN PSEUDOGROUPE DE LIE

A. Kumpera

1- INTRODUCTION

Dans ses mémoires célèbres ({10},{11}) Sophus Lie a esquissé une théorie générale d'intégration des équations différentielles aux derivées partielles arbitraires, ses méthodes étant basées sur la structure du pseudogroupe des transformations locales qui laissent invariante l'équation donnée. En réalité, toute l'oeuvre de Sophus Lie est dominée par le problème fondamental de l'intégration des équations différentielles ({12}). Très tôt, Lie s'est apreçu que la pluspart des équations pour lesquelles ont été développées des méthodes d'intégration jouissaient en commun d'une propriété fondamentale, celle d'être invariantes par les opérations d'un groupe (ou groupe local) de transformations, l'intégration de ces équations étant étroitement liée à la structure du groupe. C'est à propos des équations dont la solution générale ne dépend que d'un nombre fini de paramètres que Lie introduit la notion de groupe fini et continu à n paramètres ({9}). L'introduction des groupes continus infinis est motivée par les équations dont la solution générale dépend de fonctions arbitraires d'un certain nombre de variables. Non seulement il unifie et généralise les diverses méthodes d'intégration ({12}) mais développe ensuite, après quinze ans de recherche, la théorie générale d'intégration qui s'appuie sur la structure de groupes continus infinis (pseudogroupes de Lie).

Soit Φ une équation différentielle invariante par l'action d'un pseudogroupe de transformations locales Γ (en géneral non transitif) et donnons nous une suite normale

$$\text{(1.1)} \qquad Id = \Gamma_0 \subset \Gamma_1 \subset \ldots \subset \Gamma_n = \Gamma$$

de sous-pseudogroupes de Γ. Dans ces conditions, Lie ramène le problème de l'intégration de Φ à celui de l'intégration de n+1 équations différentielles auxiliaires Φ_i parmi lesquelles les n premières sont invariantes par l'action des pseudogroupes quotients Γ_{i+1}/Γ_i et sont automorphes, c'est-à-dire, l'intransitivité de l'action du pseudogroupe est en un sens minimale. Or, l'intégration de Γ sera accomplie par une méthode récurrente en intégrant de proche les équations Φ_i. Si est intégrable il en est de même pour tous des Φ_i et réciproquement. Par conséquent, les obstructions à l'intégrabilité de Γ se montreront être des obstructions à l'intégrabilité de certaines équations Φ_i. Remarquons finalement que l'intégration d'une équation automorphe (e.g., l'équation Φ_i) est étroitement liée à la structure de son pseudogroupe d'opérateurs; en effet, une telle équation est essentiellement un quotient de l'équation différentielle définissant les transformations locales du pseudogroupe en question.

La situation la plus intéressante est celle où la suite (1,1) est une suite de Jordan-Hölder (les quotients sont simples). En effet, une fois connue la classification des pseudogroupes simples (non transitifs), le problème d'intégrer Φ se ramènera à l'étude d'un nombre fini d'équations différentielles invariantes par des pseudogroupes connus, ces équations invariantes pouvant à leur tour être classifiées.

Les équations auxiliaires Φ_i s'obtiennent comme quotients successifs de l'équation Φ, le passage au quotient étant réalisé modulo les *invariants différentiels* du pseudogroupe Γ ainsi que des sous-pseudogroupes Γ_i qui aparaissent dans la suite (1.1). Ce passage au quotient est possible grace à des propriétés de finitude de ces invariants, ce qui leur donne une structure particulièrement intéressante. La notion d'invariant différentiel attaché à des objets géométriques est très ancienne. Pourtant, ce n'est que dans ses travaux sur les équations différentielles invariantes par des transformations de contact ({7}) que Lie est conduit à considérer la notion plus générale et plus adéquate d'invariant différentiel attaché à un pseudogroupe de transformations, notion qu'il dégage en toute sa généralité dans {8}.

Pour aboutir à une telle théorie d'intégration in faudra donc au préalable

a) étudier la structure des invariants différentiels attachés à un pseudogroupe de Lie,

b) décrire, à l'aide des invariants différentiels, le procédé de réduction de l'équation Φ permetant de construire les équations auxiliaires Φ_i,

c) étudier la structure des pseudogroupes non transitifs, en particulier l'existence de suites de Jordan-Hölder et détermination des pseudogroupes simples,

d) étudier et classifier les équations différentielles invariantes et automorphes par un pseudogroupe simple.

Dans cet exposé nous décrivons la structure des invariants différentiels c'est-à-dire la premiere étape ci-dessus et dans un dernier paragraphe nous donnons quelques indications(assez inprécises) pour le début de (b). En ce qui concerne (c) des résultats partiels ont été obtenus par plusieurs auteurs surtout dans le cas transitif. Le problème que nous traitons est le suivant. Etant donnée une famille $\mathcal{L}$ de champs de vecteurs locaux sur une variété P (pseudogroupe infinitésimal) nous voulons étudier les propriétés des intégrales premières (invariants différentiels) des trajectoires définies par les prolongements de tous les ordres de $\mathcal{L}$ aux variétés de jets. En général nous obtenons ainsi une infinité d'invariants différentiels indépendants. Moyennant des hypothèses de régularité raisonnables, il est possible de trouver un nombre fini de ces invariants (un système fondamental) de telle sorte que tous les autres invariants s'obtiennent à partir de ceux-ci par certaines opérations de dérivation. Cette étude présente essentiellement deux problèmes. Le premier consiste à définir des dérivations adéquates, les dérivées formelles, à l'aide desquelles nous pourrons obtenir de nouveaux invariants différentiels à partir d'invariants connus. Le deuxieme problème consiste d'une part à réduire successivement les données géométriques (forme réduite du prolongement holonome) et d'autre part à développer des techniques auxiliaires de telle sorte à pouvoir appliquer les méthodes cohomologiques de Spencer ({6} chap. I) pour obtenir des propriétés de stabilité assymptotique pour les noyaux des prolongements. Ces propriétés sont l'ingrédient principal dans la démonstration des théorèmes de finitude.

Pour terminer, examinons quelques exemples. Soit M une variété munie d'un système de Pfaff Σ de rang localement constant. Indiquons par Δ le système caractéristique associé à Σ (au sens de Cartan {1}). Les feuilles intégrales de Δ sont les caractéristiques de Cauchy de Σ. Indiquons finalement par $\tilde{\Sigma}$ le système de Pfaff quotient de Σ modulo les caractéristiques de Canchy (construction locale dans une carte feuilletante pour

Δ). Les constructions ci-dessus sont un cas particulier du théorème général. En effet, soit Γ le pseudogroupe des automorphismes infinitésimaux de Σ et Γ_o le sous-pseudogroupe qui laisse invariantes les caractéristiques de Cauchy. La réduction $\tilde{\Sigma}$ correspond au quotient de Σ modulo les invariants différentiels du sous-pseudogroupe Γ_o, i.e., on considère la suite $\Gamma_o \subset \Gamma$.

En outre, on sait bien que toute variété intégrale V de $\tilde{\Sigma}$ (pas forcément de dimension maximale) se relève en la variété intégrale $\rho^{-1}(V)$ de Σ où ρ est la projection quotient modulo les caractéristiques de Cauchy ({5}).

La méthode classique du multiplicateur de Jacobi pour une équation linéaire

$$(1.2) \qquad \xi f = \Sigma\, \xi_i \frac{\partial f}{\partial x^i} = 0$$

où ξ est un champ de vecteurs quelconque, consiste à chercher un multiplicateur de ξ c'est-à-dire une fonction μ tel que $\eta = \mu\xi$ soit unimodulaire (par rapport à une forme volume donnée). Le multiplicateur étant connu, l'intégration de l'équation (1.2) est équivalente à celle de $\eta f = 0$. Or , l'intégration de cette derniere équation, avec η unimodulaire, peut se ramener aux méthodes générales de Lie en considérant le pseudogroupe Γ de tous les automorphismes locaux unimodulaires qui préservent le champ η ainsi que le sous-pseudogroupe Γ_o de ceux qui, en outre, laissent invariantes les trajectoires de η. On démontre dans ce cas que le pseudogroupe quotient Γ/Γ_o est simple car c'est le pseudogroupe unimodulaire associé à une certaine forme volume quotient. Les méthodes de Lie redonnent les méthodes classiques ({4}).

Le lecteur trouvera d'autres exemples dans {10}, {11},

{13} et {16}. En particulier, dans le dernier chapitre de {10}, Lie expose la théorie générale d'intégration pour les équations différentielles invariantes par certains pseudogroupes donnés. Ainsi par exemple il étudie la théorie générale d'intégration pour les équations aux dérivées partielles du second ordre à une fontion inconnue z de deux variables indépendantes x et y admettent le pseudogroupe de transformations locales Γ dont l'élément générique s'écrit

$$\varphi \; : \; \begin{cases} X = f(x) \\ Y = y \\ Z = z/f'(x) \end{cases}$$

où f est une fonction arbitraire. La transformation infinitésimale générale de Γ est de la forme

$$\xi = g(x) \frac{\partial}{\partial x} - g'(x) z \frac{\partial}{\partial z}$$

où g est une fonction arbitraire. Le théorème général qui se rattache a ces données est le suivant. L'intégration d'une telle équation se ramène à l'intégration successive de trois systèmes différentiels ordinaires.

Remarquons finalement que la théorie des invariants différentiels se présente désormais en tout problème d'équivalence locale relative à un pseudogroupe donné. L'ensemble de tous les invariants et, en particulier, un système fondamental fini représente l'ensemble de toutes les conditions necessaires à l'equivalence. C'est ainsi que les invariants trouvent leur place dans plusieurs mémoires de E. Cartan lorsqu'il étudie l'équivalence locale pseudo-conforme d'hypersurfaces (ou familles d'hypersurfaces) réelles dans les espaces complexes, notament dans {3}. Ils jouent également un rôle central dans la détermination de tous les sous-pseudogroupes d'un pseudogroupe donné ({2}).

2. *Notations*

Toutes les données sont desormais réelles, de classe C^{∞} et de dimension finie. Soit M une variété, TM son fibré tangent, F_M l'algèbre des fonctions différentiables de M et $\chi(M)$, l'algèbre de Lie des champs de vecteurs de M (dérivations de F_M). Prenons une deuxieme variété N et soit ϕ: M⟶ N une application différentiable. Définissons les objets suivants:

(i) Soit $R(\phi)$ l'ensemble des relevements Φ: M⟶ TN de ϕ dans le fibré tangent TN⟶ N, autrement dit le diagramme suivant est commutatif

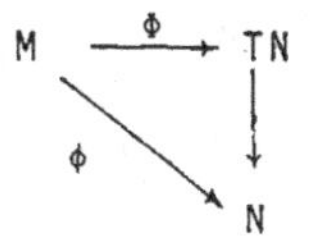

L'ensemble $R(\phi)$ est un F_M-module dont les éléments seront appelés les variations infinitésimales de ϕ.

(ii) Soit ΛM^* l'algèbre des formes différentielles extérieures de M. A l'aide du morphisme $\phi^*:\Lambda N^* \to \Lambda M^*$, $\phi^* = {}^tT\phi$, on muni ΛM^* d'une structure de bi-module, à gauche et à droite, sur l'algèbre ΛN^*. Indiquons par $\chi(\Lambda N^*,\Lambda M^*,\phi)$ l'ensemble des dérivations de ΛN^* dans ΛM^* par rapport à cette structure de bi-module (dérivations de degré zero). C'est l'ensemble des applications $\mathbb{R}$-linéaires ∂: $\Lambda N^* \longrightarrow \Lambda M^*$ vérifiant la formule

$$\partial(\omega \wedge \mu) = (\partial\omega)\wedge \mu + \omega\wedge(\partial\mu). \qquad (2.1)$$

Considérons maintenant une variation infinitésimale $\Phi \in R(\phi)$. Pour tout $x \in M$ il existe un voisinage U de x et une famille différentiable à un paramètre (ϕ_t) d'applications de U dans N tel que $\phi_o = \phi$ et

$$(2.2) \qquad \Phi|U = \frac{d}{dt}(\phi_t)_t = 0$$

La famille (ϕ_t) est une variation locale de ϕ engendrée par Φ. Prenons $\omega \in \Lambda N^*$ et définissons la dérivée de Lie $\partial_\Phi \omega \in \Lambda M^*$ de la forme ω suivant la variation infinitésimale Φ par recollement des expressions locales

$$(2.3) \qquad \partial_\Phi \omega|U = \frac{d}{dt}(\phi_t^* \omega)_t = 0.$$

PROPOSITION 2.1

L'application $\omega \longrightarrow \partial_\Phi \omega$ est une dérivation et

$$\Phi \in R(\phi) \longrightarrow \partial_\Phi \in \chi(\Lambda N^*, \Lambda M^*, \phi)$$

est un morphisme $\mathbb{R}$-linéaire injectif.

On définit de même un produit intérieur (dérivation de degré -1) par rapport à une variation infinitésimale Φ, $i_\Phi : \Lambda N^* \longrightarrow \Lambda M^*$, par la formule

$$(i_\Phi \omega)_x = \phi_x^* \left[i(\Phi x) \omega_{\phi(x)} \right]$$

Les formules habituelles subsistent où d est la différentielle extérieure:

a) $\partial_\Phi \circ d = d \circ \partial_\Phi$,

b) $\partial_\Phi = i_\Phi \circ d + d \circ i_\Phi$,

c) $\partial_{f\Phi} = f\partial_\Phi + df \wedge i_\Phi$, $f \in \mathfrak{F}_M$.

3. *Algèbre des dérivations formelles*

Soit π: $P \longrightarrow M$ une fibration (submersion surjective) et indiquons par J_kP (ou de façon abrégée par J_k) la variété des k-jets de sections locales de π, $k \geq -1$. Les applications (source) α_k: $J_k \longrightarrow M$, (but) β_k: $J_k \longrightarrow P$ et les projections naturelles ρ_{hk}: $J_k \longrightarrow J_h$, $h \leq k$, sont des fibrations, $J_\circ P = P$ et $J_{-1}P = M$.

Dans la suite il y aura bien a considérer les variétés de jets simultanément pour tout k. Ceci étant, indiquons par A_k l'algèbre des fonctions différentiables de J_k et posons

$$A = \mathit{lim\ ind}\ (A_k,\ \rho^*_{hk}).$$

L'algèbre A sera appelée l'algèbre des fonctions différentiables sur l'espace des jets d'ordre infini

$$J = J_\infty = \mathit{lim\ proj}\ (J_k, \rho_{hk}).$$

De même, on posera

$$\Lambda J^* = \mathit{lim\ ind}\ (\Lambda J^*_k, \rho^*_{hk}) \quad , \quad \Lambda^\ell J^* = \mathit{lim\ ind}\ (\Lambda^\ell J^*_k, \rho^*_{hk}).$$

L'ensemble ΛJ^* est une A-algèbre anticommutative munie de la graduation $\Lambda^\ell J^*$, de la filtration croissante ΛJ^*_k et de la différentielle exterieure d (limite inductive de la différentielle de ΛJ^*_k). Cette différentielle préserve la filtration et, par rapport à la graduation, est une dérivation de degré 1.

Considérons ensuite l'ensemble $\mathcal{R}_k = \mathcal{R}(\alpha_k)$ des variations infinitésimales de α_k et posons

$$\mathcal{R} = \lim\ ind\ (\mathcal{R}_k, \rho^*_{hk}).$$

$\mathcal{R}$ est un A-module filtré par la suite croissante des A_k-sous-modules $\mathcal{R}_k$. En outre, $\mathcal{R}$ est muni d'une structure naturelle de $\mathbb{R}$-algèbre de Lie. En effet soit $\Phi \in \mathcal{R}_k$, $\psi \in \mathcal{R}_\ell$, prenons une section locale σ de π et posons $\{k,\ell\} = \max \{h,\ell\}$. Le vecteur $\{\Phi \circ j_k\sigma, \Psi \circ j_\ell \sigma\}_x = v$, induit par le crochet de Lie au point $x \in M$, ne dépend que de $j_m\sigma(x) = X_m$ ou $m = \{k,\ell\}+1$. Nous posons par définition

$$(3.1) \qquad \{\Phi, \psi\}(X_m) = v.$$

Les opération ci-dessus se relient à la filtration par les formules

$$(3.2) \qquad A_k\mathcal{R}_\ell \subset \mathcal{R}_{\{k,\ell\}},\ \mathcal{R}_k + \mathcal{R} \subset \mathcal{R}_{k,\ell}\ ,$$

$$\{\mathcal{R}_k, \mathcal{R}_\ell\} \subset \mathcal{R}_{\{k,\ell\}+1}.$$

Remarquons que $\mathcal{R}_k$ s'identifie canoniquement à l'ensemble des opérateurs différentiels (non-linéaires) d'ordre $\leq K$

$$D: \underline{P} \longrightarrow \underline{TM}$$

Si D est d'ordre k et D' est d'ordre l le crochet définit par (3.1) correspond à l'opérateur $\{D,D'\}$ d'ordre m définit par

$$, \quad (3.3) \qquad \{D,D'\}\sigma = \{D\sigma, D'\sigma\} \quad , \qquad \sigma \in \underline{P}$$

Nous voulons maintenant réaliser l'algèbre de Lie R en tant qu'algèbre de dérivations de ΛJ^*. Pour ceci, définissons le morphisme de fibrés vectoriels (relevement holonome)

$$\begin{array}{ccc} J_k \times_M TM & \xrightarrow{\lambda_k} & T\,J_{k-1} \\ \downarrow & & \downarrow \\ J_k & \xrightarrow{\rho_{k-1,k}} & J_{k-1} \end{array}$$

ou $\lambda_k(j_k\sigma(x),v) = T(j_{k-1}\sigma)v$. Soit $\Phi \in R$. Pour k suffisamment grand $\Phi \in R_{k+1}$ et l'application

$$(3.4) \qquad \Phi_{k+1} = \lambda_{k+1} \circ (Id \times \Phi) : J_{k+1} \longrightarrow TJ_k$$

est une variation infinitésimale de $\rho_{k,k+1}$. La dérivée de Lie

$$\partial_{\Phi_{k+1}} : \Lambda J_k^* \longrightarrow \Lambda\, J_{k+1}^*$$

est compatible avec les projections ρ_{hk} (i.e., la famille $\partial_{\Phi_{k+1}}$ est inductive) et détermine à la limite une application

$$\partial_\Phi : \Lambda J^* \longrightarrow \Lambda\, J^*.$$

L'expression $\partial_\Phi\omega = \partial_{\Phi_{k+1}}\omega$, $\omega \in \Lambda\, J_k^*$, est la dérivée formelle de ω suivant Φ. Indiquons par $\chi(\Lambda J^*)$ l'algèbre de Lie des dérivations (de degré zero) de ΛJ^*.

THEOREME 3.1

Pour tout $\Phi \in R$, $\partial_\Phi \in \chi(\Lambda J^*)$ et l'application

$$\partial : \Phi \in R \longrightarrow \partial_\Phi \in \chi(\Lambda J^*)$$

est un morphisme injectif de $\mathbb{R}$-algèbres de Lie dont la restriction à $\chi(A)$ est A-linéaire.

La dérivation ∂_Φ préserve la graduation et décale la filtration d'une unité pour h grand i.e., $\partial_\Phi(\Lambda J^*_h) \subset \Lambda J^*_{h+1}$

En outre, les relations suivantes sont vérifiées:

a) $$\partial_\Phi \circ d = d \circ \partial_\Phi,$$

b) $(j\sigma)^* \partial_\Phi \omega = \mathcal{L}(\Phi \circ j\sigma)\{(j\sigma)^*\omega\}$ où σ est une section locale de π: $P \to M$, $(j\sigma)^*\omega = (j_k\sigma)^*\omega$ (k grand), $\Phi \circ j\sigma = \Phi \circ j_k\sigma$ (k grand) et $\mathcal{L}(\ )$ est la dérivée de Lie habituelle

c) $\{f\Phi, g\Psi\} = fg\{\Phi,\Psi\} + f(\partial_\Phi g)\Psi - g(\partial_\Psi f)\Phi$; $\Phi, \Psi \in R$ et $f, g \in A$,

d) On définit un produit intérieur
$$i_\Phi : \Lambda J^* \longrightarrow \Lambda J^*$$
en prenant la limite inductive des produits intérieurs $i_{\Phi_{k+1}}$ {cf.(3.4)} . Les formules habituelles subsistent notament
$$\partial_\Phi = \{i_\Phi, d\}, \quad i_{\{\Phi,\Psi\}} = \{i_\Phi, \partial_\Psi\}, \quad \partial_{f\Phi} = f\partial_\Phi + df \wedge i_\Phi,$$

e) Soit $(x^i, y^\lambda_\alpha)_{|\alpha| \leq k+1}$ un système de coordonnées locales de J_{k+1} correspondant à un système de coordonnées (x^i, j^λ) adapté à la fibration π: $P \to M$. Si $f \in A_k$ et $\Phi = \partial/\partial_{x^i} \in R_{-1} = \chi(M)$ on retrouve la dérivée formelle (ou totale) de f par rapport à x^i, à savoir
$$\partial_\Phi f = \partial f/\partial x^i = \sum_{|\alpha| \leq k} (\partial f/\partial y^\lambda_\alpha) y^\lambda_{\alpha+1_i}.$$

4. *Algèbre des dérivations holonomes*

Soit π: P $\longrightarrow$ M une fibration et $\chi(P)$ l'algèbre de Lie des champs de vecteurs de P. Tout champ $\theta \in \chi(P)$ est, au voisinage de chaque point $x \in P$, la dérivée pour t= 0 d'une famille local à un paramètre (φ_t) de transformations de P. Cette famille se prolonge de façon standard aux k-jets de sections et détermine par conséquent, en prenant la dérivée par rapport à t, un champ de vecteurs $p_k\theta$ sur la variété J_k, à savoir, le prolongement canonique d'ordre k de θ. L'application

$$p_k: \chi(P) \longrightarrow \chi(J_k)$$

est un morphisme injectif d'algèbres de Lie et tout champ prolongé $p_k\theta$ est ρ_{hk}-projetable, $h \geqslant 0$. Pour tout $k \geqslant 0$ la derivée de Lie

$$\mathcal{L}(p_k\theta): \Lambda J_k^* \longrightarrow \Lambda J_k^*$$

est compatible avec les projections ρ_{hk} et détermine à la limite une application

$$p_\theta: \Lambda J^* \longrightarrow \Lambda J^*$$

THEOREME 4.1

Pour tout $\theta \in \chi(P)$, $p_\theta \in \chi(\Lambda J^*)$ et l'application

$$p: \chi(P) \longrightarrow \chi(\Lambda J^*)$$

est un morphisme injectif de $\mathbb{R}$-algèbres de Lie.

La dérivation p_θ préserve la graduation et la filtration. En outre, les rélations suivantes sont vérifiées:

a) $p_\theta \circ d = d \circ p_\theta$

b) Soit $(x^i, y^\lambda_\alpha)_{|\alpha|<k}$ un système de coordonnées locales de J_k associé au système de coordonnées (x^i, y^λ) de P. Alors

$$p_k(\partial/\partial x^i) = \partial/\partial x^i \quad \text{et} \quad p_k(\partial/\partial y^\lambda) = \partial/\partial y^\lambda.$$

5. *Les formules fondamentales*

Dans les paragraphes précédents nous avons étudié deux algèbres de dérivations de ΛJ^* à savoir les dérivations formelles et holonomes. Les dérivations holonomes préservent la filtration et, comme nous le verrons plus tard, servent à définir les invariants différentiels associés à un pseudogroupe. D'autre part, les dérivations formelles décalent la filtration d'une unité et servent à construire de façon non triviale des invariants d'ordre k+1 à partir d'invariants d'ordre k. Or, pour mettre en jeu ces deux types de dérivations, il est utile de connaître leur crochet en tant qu'éléments de $\chi(\Lambda J^*)$. Nous verrons que le crochet d'une dérivée formelle avec une dérivée holonome est encore une dérivée formelle, résultat qui sera essentiel dans la suite.

Définissons tout d'abord une application $\mathbb{R}$-bilinéaire

$$\Xi : \mathcal{R} \times \chi(P) \longrightarrow \mathcal{R}$$

en imitant le procédé habituel de dérivation de Lie. En effet soit $\Phi \in \mathcal{R}_k$, $\theta \in \chi(P)$, (φ_t) une famille locale à un paramètre de transformations de P qui détermine (localement) le champ θ et (φ^k_t) la famille prolongée à J_k qui détermine $p_k\theta$. Prenons un jet $X = j_k\sigma(x) \in J_k$ dans le domaine de (φ^k_t) et remarquons que l'application linéaire

(tangente)

$$u_t(X)= T_x(\pi\circ\varphi_t\circ\sigma): T_xM \longrightarrow T_yM \;, \qquad y=\pi\circ\varphi_t\circ\sigma(x)$$

est inversible pour t petit et ne dépend que de $j_1\sigma(x)$ donc de X lorsque $k \geqslant 1$. On pose par définition

$$(5.1) \qquad \Xi(\Phi,\theta)(X)= -\frac{d}{dt}\{[u_t(X)]^{-1}[\Phi\circ\varphi_t^k(X)]\}_{t=0}$$

ce qui montre que $\Xi(\mathcal{R}_k,\chi(P))\subset \mathcal{R}_k$ lorsque $k \geqslant 1$. La version infinitésimale de la formule (5.1) est la suivante. Soit Φ_1 l'application composée (cf. §3)

$$\Phi_1= \lambda_1\circ(\rho_{1k} \times \Phi): J_k \longrightarrow TP$$

Pour tout $X \in J_k$ il existe un voisinage $\mathcal{U}$ de X et un champ local $\xi \in \chi(\mathcal{U})$ tel que

$$(5.2) \qquad (T_{\beta_k})\circ \xi= \Phi_1|\mathcal{U} .$$

Posons

$$(5.3) \qquad \Psi_{k,X} = (T\alpha_k)\circ [\xi,p_k\theta].$$

On voit facilement que le relevement local $\Psi_{k,X}:\mathcal{U}\longrightarrow TM$ est indépendant du choix de ξ vérifiant (5.2). Par conséquent les relevements locaux $\Psi_{k,X}$ se recollent en un élément $\Psi_k \in \mathcal{R}_k$ et

$$(5.4) \qquad \Xi(\Phi,\theta)= \Psi_k.$$

L'application bilinéaire Ξ vérifie les propriétés suivantes:

a) $\Xi(f\Phi,\theta)= f\Xi(\Phi,\theta)-(p_\theta f)\Phi \quad , \quad f \in A,$

b) Si $\xi \in \chi(J_k)$ est un champ localement α_k-projetable et si l'on pose $\tilde{\xi}= (T\alpha_k)\circ \xi$,

$\tilde{\theta}=(T\pi)\circ\xi$, alors $\Xi(\tilde{\xi},\theta)=[\tilde{\xi},\tilde{\theta}]$, le membre droit étant le crochet de $\mathcal{R}$.

Considérons ensuite l'ensemble $\mathcal{R}\times\chi(P)$ muni du crochet $[\ ,\ ]$ produit semi-direct relatif à Ξ. De façon précise, posons

$$(5.5)\qquad [\![(\Phi,\theta),(\Phi',\theta')]\!] = ([\Phi,\Phi'] + \Xi(\Phi,\theta') - \Xi(\Phi',\theta),\ \ [\theta,\theta']).$$

THEOREME 5.1

L'ensemble $R\times\chi(P)$ *muni du crochet* $[\![\ ,\ ]\!]$ *est une* $\mathbb{R}$*-algèbre de Lie produit semi-direct de l'idéal* $\mathcal{R}$ *et de la sous-algèbre* $\chi(P)$*. En outre*

$$[\![f\Phi,\theta]\!] = f[\![\Phi,\theta]\!] - (p_\theta f)\Phi,\qquad f\in A.$$

THEOREME 5.2

(formules fondamentales)

$$[\partial_\Phi, p_\theta] = \partial_{[\![\Phi,\theta]\!]}\qquad et\qquad [i_\Phi, p_\theta] = i_{[\![\Phi,\theta]\!]}$$

La première formule montre que le crochet d'une dérivée formelle avec une dérivée holonome est une dérivée formelle. La démonstration est une vérification directe assez fastidieuse. La démonstration de la deuxième formule se réduit à la première.

COROLLAIRE

L'application

$$\partial + p:\ R\times\chi(P)\longrightarrow \chi(\Lambda J^*)$$

est un morphisme injectif de $\mathbb{R}$*-algèbres de Lie.*

6. *Forme réduite du prolongement holonome*

Soit π: P$\to$ M une fibration et p: E$\to$ P un fibré vectoriel localement trivial. Le cuople (π,p) sera appelé une fibration de Lie de base π. Par abus de langage, le composé $\eta=\pi \circ p$

$$(6.1) \qquad \eta: E \xrightarrow{p} P \xrightarrow{r} M$$

sera encore dit une fibration de Lie. Indiquons par J_kE le fibré vectoriel des k-jets de sections locales de p. C'est un fibré de base P. Par contre, soit $\tilde{J}_kE$ le fibré des k-jets de sections locales de η. $\tilde{J}_kE$ est une fibration de base M.

PROPOSITION 6.1

Il existe une structure unique de fibré vectoriel localement trivial sur J_kP: $\tilde{J}_kE \longrightarrow J_kP$ *tel que l'application*

$$(X,Y) \in J_kP \times_P J_kE \xrightarrow{\#} YX \in \tilde{J}_kE$$

Soit un morphisme de fibrés vectoriels de base J_kP *(YX est la composition de jets).*

Il en résulte que le foncteur J_k associe à toute fibration de Lie (6.1) de base π la fibration de Lie

$$\tilde{\alpha}_k: \tilde{J}_kE \xrightarrow{J_kp} J_kP \xrightarrow{\alpha_k} M$$

de base α_k.

Revenons maintenant au prolongement canonique des champs de vecteurs de P. Prenons $\theta \in \chi(P)$ et soit $X \in J_k$ un point fixé. On voit facilement que le vecteur $(p_k\theta)_X$ induit par le champ prolongé au point X ne dépend que du jet $j_k\theta(y)$ de θ au point $y = \beta_k(X) =$ but de X. On en déduit un morphisme canonique de fibrés vectoriels de base J_k (noté encore par p_k).

$$(6.2) \qquad (X, j_k\theta(y)) \in J_k \times {}_P J_k TP \xrightarrow{p_k} (p_k\theta)_X \in TJ_k$$

La réduction ainsi obtenue n'est pas encore la meilleure possible car le vecteur $(p_k\theta)_X$ dépend en fait de moins que du jet $j_k\theta(y)$. Pour ceci considérons l'application # de la proposition 6.1 où E est remplacé par TP. A l'aide de la premiere formule fondamentale ou démontre le

LEMME

Ker# $\subset$ ker p_k.

Ceci entraine que le morphisme p_k de (6.2) se factorise a $J_k TP$ en un morphisme noté encore par p_k. Le diagram me suivant est commutatif

$$\begin{array}{ccc} J_k \times_P J_k TP & \xrightarrow{p_k} & TJ_k \\ \downarrow \# & \nearrow p_k & \\ \tilde{J}_k TP & & \end{array}$$

THEOREME 6.1

Pour tout $k > 0$ il existe un morphisme unique de fibrés vectoriels

$$p_k : \tilde{J}_k TP \longrightarrow TJ_k$$

caractérisé par la relation $p_k(j_k\theta(y) \cdot X) = (p_k\theta)_X$ où $\theta \in \mathfrak{X}(P)$, $X \in J_k$ et $y = \beta_k(X) \in P$.

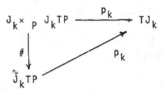

Nous voulons calculer le noyau et l'image de p_k. On montre tout d'abord les proposition suivantes où $VP \subset TP$ est le sous-fibré des vecteurs Π-verticaux et $VJ_k \subset TJ_k$ le sous-fibré des vecteurs α_k-verticaux.

PROPOSITION 6.1

La suite

$$0 \longrightarrow \tilde{J}_k VP \xrightarrow{p_k} VJ_k \longrightarrow 0$$

est exacte.

PROPOSITION 6.2

La suite

$$\tilde{J}_k TP \xrightarrow{p_k} TJ_k \longrightarrow 0$$

est exacte.

Calculons ensuite le noyau. Pour ceci, remarquons tout d'abord que la suite exacte de fibrés vectoriels de base P

$$(6.3) \qquad 0 \longrightarrow VP \xrightarrow{i} TP \xrightarrow{T\pi} P \times_M TM \longrightarrow 0$$

donne lieu, pour tout $k \geqslant 0$, à la suite exacte de base J_k

$$(6.4) \qquad 0 \longrightarrow \tilde{J}_k VP \xrightarrow{i} \tilde{J}_k TP \xrightarrow{\tilde{J}_k T\pi} J_k \times_M J_k TM \longrightarrow 0$$

La suite (6.4) admet une scission canonique lorsqu' on la relève à J_{k+1} c'est-à-dire

$$0 \rightarrow J_{k+1} \times_{J_k} \tilde{J}_k VP \underset{S_k}{\overset{i}{\rightleftarrows}} J_{k+1} \times_{J_k} \tilde{J}_k TP \underset{\Sigma_k}{\overset{\tilde{J}_k T\pi}{\rightleftarrows}} J_{k+1} \times_M J_k TM \longrightarrow 0$$

(6.5)

La flèche Σ_k est définie comme suit: Prenons $X = j_{k+1}\sigma(x) \in J_{k+1}$

et $Z= j_k\xi(x) \in J_k TM$. Le composé $\tau = (T\sigma)\circ\xi$ est une section de TP vérifiant $p\circ\tau = \sigma$, par conséquent $(X, j_k\tau(x)) \in J_{k+1} \times_{J_k} \tilde{J}_k TP$

On pose

$$(6.6) \qquad \Sigma_k(X, j_k\xi(x)) = (X, j_k\tau(x))$$

Pour définir Σ_k il faut remonter à J_{k+1} car le jet $j_k\tau(x)$ contient les dérivées d'ordre $\leq k+1$ de σ au point x. L'application S_k qui scinde i est définie de façon semblable. La scission S_k est déterminée de façon unique moyennant la condition suplémentaire $S_k \circ \Sigma_k = 0$.

Si maintenant on ne garde dans (6.5) que les sous-fibrés

$\tilde{\mathring{J}}_k TP = \{X \mid T\pi\circ\tilde{\beta}_k(X) = 0\}$ et $\mathring{J}_k TM = \{X \mid \beta_k(X) = 0\}$, la suite

(6.5) se redescend à J_k en la suite exacte scindée

$$(6.7) \qquad 0 \longrightarrow \tilde{J}_k VP \underset{S_k}{\overset{i}{\rightleftarrows}} \tilde{\mathring{J}}_k TP \underset{\Sigma_k}{\overset{J_k T\pi}{\rightleftarrows}} J_k \times_M \mathring{J}_k TM \longrightarrow 0$$

On démontre le

THEOREME 6.2

La suite

$$(6.8) \qquad 0 \longrightarrow J_k \times_M \mathring{J}_k TM \xrightarrow{\Sigma_k} \tilde{J}_k TP \xrightarrow{p_k} TJ_k \longrightarrow 0$$

est exacte.

7. Parties principales

Soit η: $E \xrightarrow{p} P \xrightarrow{\pi} M$ une fibration de Lie et $G \rightarrow M$

un fibré vectoriel. Nous indiquons par G $\otimes$ E le produit tensoriel fibré $(P\times_M G)\otimes E$. Comme d'habitude, nous écrivons $T^*= T^*M$, $S^kT^*=$ puissance symétrique k-ème de T^* et $\Lambda^kT^*=$ puissance extérieure k-ème. Le produit symétrique est noté par v. La proposition suivante étend un résultat bien connu pour les fibrés vectoriels.

PROPOSITION 7.1

Pour $k \geq 0$ el existe un morphisme canonique ε_k qui rend exacte la suite de fibrés vectoriels de base J_k

$$0 \longrightarrow J_k \times_P (S^kT^* \otimes E) \xrightarrow{\varepsilon_k} \tilde{J}_k E \xrightarrow{\tilde{\rho}_{k-1,k}} J_k \times_{J_{k-1}} \tilde{J}_{k-1} E \longrightarrow 0$$

Soit $(X, df_1 \ \ldots \ df_k \otimes e) \in J_k \times_P (S^kT^* \otimes E)$ où $X = j_k\sigma(x)$, $y = \sigma(x)$, $e \in E_y$ et les f_i sont des fonctions définies au voisinage de x avec $f_i(x) = 0$. Soit τ une section locale de η tel que $\tau(x) = e$ et $p\circ\tau = \sigma$. Alors $\varepsilon_k(X, df_1 \vee \ldots df_k \otimes e) = j_k(f_1 \ldots f_k \tau)(x)$. Si $E \longrightarrow M$ est un fibré vectoriel de base M, la proposition ci-dessus appliquée à la fibration de Lie $E \longrightarrow M \longrightarrow M$ redonne la suite bien connue

$$0 \longrightarrow S^kT^* \otimes E \xrightarrow{\varepsilon_k} J_k E \longrightarrow J_{k-1} E \longrightarrow 0$$

PROPOSTION 7.2

Pour $k \geq 0$ il existe un morphisme canonique ε_k qui rend exacte la suite de fibrés vectoriels de base J_k

$$0 \longrightarrow J_k \times_P (S^kT^* \otimes VP) \xrightarrow{\varepsilon_k} TJ_k \xrightarrow{T\rho_{k-1,k}} J_k \times_{J_{k-1}} TJ_{k-1} \longrightarrow 0$$

Cette proposition se déduit de la première en remarquant tout d'abord que

$$\ker(TJ_k \longrightarrow TJ_{k-1}) = \ker(VJ_k \longrightarrow VJ_{k-1})$$

et en définissant le morphisme ε_k de la proposition 7.2 par la commutativité du diagramme

$$\begin{array}{ccccccccc}
0 & \longrightarrow & J_k \times_P (S^kT^*\otimes VP) & \xrightarrow{\varepsilon_k} & \tilde{J}_k VP & \xrightarrow{\tilde{\rho}_{k-1,k}} & J_k \times_{J_{k-1}} \tilde{J}_{k-1} VP & \longrightarrow & 0 \\
 & & \downarrow \mathrm{Id} & & \simeq\downarrow p_k & & \simeq\downarrow p_{k-1} & & \\
0 & \longrightarrow & J_k \times_P (S^kT^*\otimes VP) & \xrightarrow{\varepsilon_k} & VJ_k & \xrightarrow{T\rho_{k-1,k}} & J_k \times_{J_{k-1}} VJ_{k-1} & \longrightarrow & 0
\end{array}$$

où la première suite est donnée par la proposition 7.1. Posons $F= f_1 \ldots f_k$ et $v= v^\lambda \partial/\partial y^\lambda$. Alors

$$\varepsilon_k(X, df_1 \ \ldots \ df_k \otimes v) = \sum_{|\alpha|=k} (\partial_\alpha F)(x) v^\lambda v_\lambda^\alpha$$

$$\text{où} \quad v_\lambda^\alpha = (\partial/\partial y_\alpha^\lambda)_X .$$

On démontre que la partie principale de la suite exacte (6.8) est égale à

(7.1)
$$0 \longrightarrow J_k \times_M (S^kT^* \otimes TM) \xrightarrow{\sigma_k} J_k \times_P (S^kT^*\otimes TP) \xrightarrow{s_k} J_k \times_P (S^kT^*\otimes VP) \longrightarrow 0$$

où $\sigma_k(X, \omega \otimes v) = (X, \omega \otimes T\sigma(v)), s_k(X, \omega \otimes v) = (X, \omega \otimes [v - T\sigma \circ T\pi(v)])$

et $X= j_k\sigma(x)$. La suite (7.1) est aussi la partie principale de la scission canonique (6.7). En outre, σ_k scinde $\mathrm{Id} \otimes T\pi$ et s_k scinde $\mathrm{Id} \otimes i$.

8. *Faisceaux de Lie et invariants différentiels*

Soit π: P$\longrightarrow$ M une fibration et $\underline{TP}$ le faisceau des germes de champs de vecteurs de P.

DEFINITION 8.1

Un faisceau de Lie $\mathcal{L}$ sur P est la donnée d'un sousfaisceau en $\mathbb{R}$-espaces vectoriels de $\underline{TP}$.

Etant donné un faisceau de Lie $\mathcal{L}$, le prolongement canonique p_k définit pour tout $k \geqslant 0$ le faisceau de Lie prolongé $\mathcal{L}_k = p_k\mathcal{L}$ sur la variété J_k. Si $\mathcal{L}$ est stable pour le crochet de champs de vecteurs (i.e., $\mathcal{L}$ est un sous-faisceau en algèbres de Lie) il en est de même pour tout $\mathcal{L}_k$. A l'aide du morphisme "but"

$$\beta : \underline{TJ_k} \longrightarrow TJ_k$$

on définit pour tout $k \geqslant 0$, un champ d'éléments de contact $\Delta_k = \beta(\mathcal{L}_k)$ sur la variété J_k. Ce champ nést pas en général régulier(de dimension localement constante). Si $\mathcal{L}$ est stable pour le crochet et si Δ_k est régulier, le champ Δ_k est complétement intégrable (théorème de Frobenius) et les feuilles intégrales sont les trajectoires du pseudogroupe de transformations finies obtenues par intégration des transformations infinitésimales (sections locales) de $\mathcal{L}_k$.

DEFINITION 8.2

Un invariant différentiel d'ordre $k \geqslant 0$ de $\mathcal{L}$ est une fonction locale f: U$\longrightarrow$ $\mathbb{R}$ définie dans un ouvert U de J_k tel que $(p_k\theta)f = 0$ pour tout $\theta \in \Gamma(\mathcal{L})$ ou, de *façon équivalente,* $df|_{\Delta_k} = 0$ *(*$\Gamma(\mathcal{L})$*= pré-faisceau des sections locales de* $\mathcal{L}$ *).*

Indiquons par I_k l'ensemble des invariants différentiels d'ordre k et soit $I = \bigcup I_k$. L'ensemble I_k est un préfaisceau complet de base J_k. Les résultats que nous envisageous obtenir décrivent le comportement des invariants différentiel par rapport aux dérivations formelles. Ceci nous conduit à considérer l'ensemble $\mathcal{R}(\mathcal{L})$ des variations infinitésimales admissibles

$$\mathcal{R}(\mathcal{L}) = \{\Phi \in \mathcal{R} \mid \partial_\Phi I \subset I\}.$$

La première formule fondamentale (cf. Théorème 5.2) entraine immédiatement la

PROPOSITION 8.1

$$\mathcal{R}(\mathcal{L}) = \{\Phi \in \mathcal{R} \mid \partial_{[\![\Phi,\theta]\!]} I = 0,\ \theta \in \Gamma(\mathcal{L})\}.$$

Cette proposition met en évidence l'idéal,

$$\mathcal{R}^\circ(\mathcal{L}) = \{\Phi \in \mathcal{R} \mid \partial_\Phi I = 0\}.$$

Lorsque le faisceau $\mathcal{L}$ admet un nombre suffisant d'invariants différentiels (à être précisé ultérieurement) l'idéal ci-dessus est nul. Dans ce cas on obtient la proposition suivante qui réduit la recherche des variations infinitésimales admissibles à un calcul algébrique relatif au crochet $[\![\ ,\ ]\!]$.

PROPOSITION 8.2

Supposons que $\mathcal{R}^\circ(\mathcal{L}) = 0$*. Dans ce cas*

$$\mathcal{R}(\mathcal{L}) = \{\Phi \in R \mid [\![\Phi,\theta]\!] = 0 , \qquad \theta \in \Gamma(\mathcal{L})\}.$$

Comme les résultats que nous obtiendrons sont de nature locale, au voisinage d'un jet infini $X \in J$, il est utile de remplacer les notions globales ci-dessus par des notions locales ou plus exactement par des faisceaux. Ceci étant dit, dfinissons le faisceau $\mathbb{R}(\mathcal{L})$ de base J dont la fibre au dessus de $X = (X_k)_{k \geq -1}$ est l'ensemble des germes de variations infinitésimales $\Phi \in \mathcal{R}$ (germes au point $X_k \in J_k$ lorsque $\Phi \in \mathcal{R}_k$) vérifiant la propriété suivante: Pour tout invariant différentiel f d'ordre ℓ ($\ell \geq -1$) défini au voisinage de X_ℓ la dérivée formelle $\partial_\Phi f$ restreinte à un voisinage suffisament petit de $X_{\ell+1}$ est aussi un invariant différentiel. De façon équivalente, la dérivée formelle ∂_Φ transforme tout germe d'invariant différentiel au point X_ℓ en un germe d'invariant au point $X_{\ell+1}$. Les propositions 8.1 et 8.2 s'étendent au niveau des faisceaux.

9. *La stabilité assymptotique*

Revenons à la suite exacte de la proposition 7.2 et restreignons cette suite à Δ_k. Nous obtenons la suite exacte

$$(9.1) \quad 0 \longrightarrow \Delta_{k-1,k} \xrightarrow{\varepsilon_k} \Delta_k \xrightarrow{T\rho_{k-1,k}} J_k \times_{J_{k-1}} \Delta_{k-1} \longrightarrow 0$$

où $\Delta_{k-1,k}$ est un sous-fibré eventuellement singulier de $J_k \times_P (S^k T^* \otimes VP)$. Fixons maintenant un jet infini $X = (X_k)_{k \geq -1} \in J$ et soit $x = \alpha(X) \in M$, $y = \beta(X) \in P$ la source et le but de X. L'espace $(\Delta_{k-1,k})_{X_k}$ peut être considéré comme un sous-espace de

$$S^k T_x^* \otimes V_y\, P.$$

Or, il est important de connaître la relation entre le noyau consécutif $(\Delta_{k,k+1})_{X_{k+1}}$ et le prolongement algébrique (espace déduit au sens de E. Cartan).

$$p_k(\Delta_{k-1,k})_{X_k} = \left[T_x^* \otimes (\Delta_{k-1,k})_{X_k}\right] \cap \left[S^{k+1} T_x^* \otimes V_y P\right].$$

En effet (cf. Lemme 10.3) les invariants d'ordre k+1 seront engendrés, au voisinage de X_{k+1} par ceux d'ordre k et leurs dérivées formelles admissibles si et seulement si

(9.2) $$(\Delta_{k,k+1})_{X_{k+1}} = p_k(\Delta_{k-1,k})_{X_k}.$$

Nous montrerons que cette dernière propriété (stabilité des noyaux) est vérifiée pour k suffisamment grand. La technique de démonstration repose sur les méthodes de Spencer.

A l'aide des espces $(\Delta_{k-1,k})_{X_k}$, $k \geq 0$, on construit tout d'abord une famille $\Delta_X = (\Lambda^{\ell} T_x^* \otimes \Delta_{k-1,k})_{\ell,k}$ de sous-espaces du δ-complexe de Spencer $(\Lambda^{\ell} T_x^* \otimes S^k T_x^* \otimes V_y P;\delta)$ et on démontre, en utilisant l'opérateur D de Spencer que cette famille est un sous-complexe. Or, le lemme de δ-Poincaré (Spencer) entraîne en particulier que le sous-complexe Δ_X devient 1-acyclique pour ℓ suffisamment grand. Cette propriété d'acyclicité est équivalente à la stabilité des noyaux pour l suffisamment grand. Pour utiliser l'opérateur D de Spencer il nous faut imposer certaines conditions de régularité que voici. Etant donné le faisceau de Lie $\mathcal{L}$, nous lui associons, pour tout $k \geq 0$, un sous-fibré vectoriel eventuellement singulier $\tilde{L}_k$ de $\tilde{J}_k TP$ en posant

$$\tilde{L}_k = \#(J_k \times_P J_k \mathcal{L})$$

Soit $(\tilde{L}_V)_k = i \circ S_k(J_{k+1} \times_{J_k} \tilde{L}_k)$ la projection "verticale" du sous-fibré $J_{k+1} \times_{J_k} \tilde{L}_k$ suivant la scission canonique (6.5). La condition de régularité est la suivante.

H_1- *Pour tout $k \geq k_1$, k_1 un entier fixé, il existe un voisinage $\mathcal{U}_{k+1}$ de X_{k+1} tel que $(\tilde{L}_V)_k | \mathcal{U}_{k+1}$ est un sous-fibré vectoriel régulier (de rang constant).*

THEOREME 9.1 *(de stabilité assymptotique).*

Soit $\mathcal{L}$ un faisceau de Lie sur P vérifiant l'hypothese H_1. Il existe un entier $h(X)$ tel que

$$(\Delta_{k,k+1})_{X_{k+1}} = p(\Delta_{k-1,k})_{X_k}$$

lorsque $k \geq h(X)$.

10. *Le théorème de Lie*

Examinons tout d'abord la relation entre le prolongement algébrique et les dérivations formelles. Pour ceci, reprenons la suite exacte de la proposition 7.2 et considérons $Y \in J_{k+1}$, $X = \rho_{k,k+1} Y \in J_k$, $x = \alpha(X)$ et $y = \beta(X)$.

Soit

$$E \subset [J_k \times_P S^k T^* \otimes VP]_X = S^k T^*_x \otimes V_y P]$$

$$p(E) \subset [J_{k+1} \times_P S^{k+1} T^* \otimes VP]_Y = S^{k+1} T^*_x \otimes V_y P]$$

$$F = \varepsilon_k(E) \subset \ker_X T\rho_{k-1,k}$$

et posons $p(F) = \varepsilon_{k+1}\, p(E) \subset \ker_Y T\rho_{k,k+1}$. Soit $(f_\alpha)_{\alpha\varepsilon I}$ une famille quelconque de fonctions totes définies dans des voisinages de X et supposons que

$$E = (\ker_X T\rho_{k-1,k}) \cap \ker_X(df_\alpha)$$

où

$$\ker_X(df_\alpha) = \{v \,\varepsilon\, T_X J_k \,|\, \langle v, df_\alpha \rangle = 0, \quad \alpha \,\varepsilon\, I\}.$$

Prenons finalement un systeme de coordonnées locales (x^i) de M an voisinage de x et indiquons par ∂_i les dérivations formelles associées aux champs de vecteurs $\partial/\partial x^i$ (éléments de $\mathcal{R}_{-1}$). Le lemme suivant, dont la démonstration s'appuie sur le diagramme (7.1), nous donne une description du prolongement algébrique p(F) à l'aide des dérivées formelles.

LEMME 10.1

$$p(F) = (\ker_Y T\rho_{k,k+1}) \cap \ker_Y(\partial_i df_\alpha)_{\alpha\varepsilon I,\, 1\leq i\leq \dim M}.$$

Plus généralement, prenons une famille $(\Phi_\beta)_{\beta\varepsilon J}$ d'éléments de $\mathcal{R}_k$ et supposons que $\{\Phi_\beta(X)\}$ engendre l'espace tangent $T_x M$. Le lemme précédent et la formule (cf. §3,d)

$$\partial_{f\Phi} = f\partial_\Phi + df \wedge i_\Phi$$

entrainent le

LEMME 10.2

$$p(F) = (\ker_Y T\rho_{k,k+1}) \cap \ker_Y(\partial_{\Phi_\beta} df_\alpha)_{\alpha\varepsilon I,\, \beta\varepsilon J}.$$

Considérons ensuite un faisceau de Lie $\mathcal{L}$ sur P et supposons qu'il existe une famille $(\Phi_\beta)_{\beta\varepsilon J}$ d'éléments de $\mathcal{R}_k$ tel que

(i) $\{\Phi_\beta (X)\}$ engendre $T_X M$,

(ii) Le germe de Φ_β, $\beta\varepsilon J$, au point X est admissible, c'est-à-dire, la dérivée formelle ∂_{Φ_β} transforme tout germe d'invariant différentiel au point X en un germe d'invariant différentiel au point Y.

A l'aide du lemme 10.2 on démontre le

LEMME 10.3

Soit $\mathcal{L}$ un faisceau de Lie vérifiant l'hypothèse ci-dessus et supposons en plus que

$$(10.1) \qquad (\Delta_k)_X = \ker_X \{df \mid f \varepsilon I_k\}$$

Dans ces conditions, les deux propriétés suivantes sont équivalentes.

1- $\quad (\Delta_{k,k+1})_Y = p(\Delta_{k-1,k})_X$,

2- $\quad (\Delta_{k+1})_Y = \ker_Y\{\rho^*_{k,k+1} df, \partial_{\Phi_\beta} df \mid f \varepsilon I_k,\ \beta\varepsilon J\}$.

Remarquons que la condition (10.1) revient à supposer que Δ_k est intégrable dans un voisinage de X. Les propriétés équivalentes du lemme ci-dessur étant vérifiées, on trouve en particulier que Δ_{k+1} est intégrable au voisinage de Y et $(\Delta_{k+1})_Y = \ker_Y\{df \mid f \varepsilon I_{k+1}\}$.

La discussion précédente, notament le lemme 10.3, met en évidence la nature des hypothèses qu'il faudra imposer au faisceau $\mathcal{L}$ opérant sur P de telle sorte à obtenir les propriétés voulues pour les invariants différentiels, Tout d'abord nous imposons une condition de régularité pour les trajectoires de $\mathcal{L}_k$, a savoir

H_2- *Pour tout $k \geq k_2$, il existe un voisinage $\mathcal{U}_k$ de X_k tel que la restriction $\Delta_k|\mathcal{U}_k$ est un champ d'éléments de contact régulier et intégrable.*

Ensuite nous imposons une hypothèse qui assure l'existence, au point $X \in J$, d'un nombre suffisant de germes de dérivations formelles admissibles.

H_3- $\beta(\mathcal{R}(\mathcal{L})_X) = T_XM$. *Posons* $k_3 = \inf \{k | \beta(\mathcal{R}_k(\mathcal{L})_X) = T_XM\}$.

L'hypothèse H_3 entraine qu'il existe m= dim M variations infinitésimales $\Phi_\beta \in \mathcal{R}_{k_3}$ dont les germes au point X_{k_3} sont admissibles et qui induisent une base $\{\Phi_\beta(X)\}_{1 \leq \beta \leq m}$ de T_XM La remarque qui suit le lemme 10.3 montre en particulier que l'hypothèse H_2 peut être affaiblie à la seule condition: Il existe un entier $k_2 > \max\{h(X), k_3\}$, où h(X) est l'entier du théorème 9.1, tel que Δ_{k_2} est régulier et intégrable au voisinage de X_{k_2}.

THEOREME 10.1 (de finitude)

Soit $\mathcal{L}$ un faisceau de Lie sur P vérifiant les hypothèse H_i, $1 \leq i \leq 3$, relatives à un jet fixé $X \in J$. Dans ces conditions il existe un entier $k(X)$ tel que pour $k \geq k(X)$

1- $(\Delta_k)_{X_k} = \ker_{X_k} \{df \mid f \in I_k\}$,

2- $(\Delta_{k+1})_{X_{k+1}} = \ker_{X_{k+1}} \{\rho^*_{k,k+1} df, \partial_{\Phi_\beta} df \mid f \in I_k,$
$1 \leq \beta \leq m\}$.

On prendra pour $k(X)$ le maximum de $\{h(X), k_2, k_3\}$.

COROLLAIRE 10.1

Soit $\mathcal{L}$ un faisceau de Lie vérifiant les hypothèses H_i. Prenons un système fondamental $\{f_1, \ldots, f_\mu\}$ d'intégrales premières indépendantes de Δ_k au voisinage de X_k où $k \geq k(X)$ est un entier fixé. Pour tout $\ell \geq k$ on a la propriété récurrente

$$(\Delta_\ell)_{X_\ell} = \ker_{X_\ell} \{\rho^*_{k+s,\ell} \partial_{\beta_1 \ldots \beta_s} df_\alpha \mid 1 \leq \alpha \leq \mu, \ 0 \leq s \leq \ell - k,$$

$$1 \leq \beta_1, \ldots, \beta_s \leq m\} \quad \text{où } \partial_{\beta_1 \ldots \beta_s} = \partial_{\Phi_{\beta_1}} \circ \ldots \circ \partial_{\Phi_{\beta_s}}$$

Enonçons finalement le théorème de finitude sous la forme donnée par Sophus Lie. Pour ceci, adoptons le language suivant: Une famille finie $(f_\iota)_{1 \leq \iota \leq r}$ d'éléments de I_k sera appelée un systeme de générateurs locaux de I_k au point X_k lorsqu'il existe un voisinage $\mathcal{U}_k$ de X_k tel que tout invariant $f \in I_k$, dont le domaine est contenu dans $\mathcal{U}_k$ s'écrit sous la forme $f = F(f_\iota)$ où F est une fonction à r variables. Le système de génerateurs (f_ι) sera appelé une base locale lorsque les fonctions f_ι sont indépendantes (c'est-à-dire leurs différentielles sont linéairement indépendantes).

THEOREME 10.2 (Sophus Lie)

Soit $\mathcal{L}$ un faisceau de Lie sur P vérifiant les hypothèses H_i relatives à un jet fixe $X \in J$. Dans ces conditions il existe un entier $k(X)$ tel que pour $k \geq k(X)$

1- I_k admet une base locale finie au point $X_k \in J_k$,

2- L'ensemble $\{\rho^*_{k,k+1} f, \partial_{\Phi_\beta} f \mid f \in I_k, 1 \leq \beta \leq m$

est un système de générateurs locaux de I_{k+1} au point X_{k+1}.

Les notation étant celles du corollaire 10.1, on a le

COROLLAIRE 10.2

Soit $\mathcal{L}$ un faisceau de Lie vérifiant les hypothèses H_i. Pour tout $\ell \geq k$, la famille

$$(\rho^*_{k+s,\ell}\ \partial_{\beta_1} \cdots {}_{\beta_1} f_\alpha),\quad 1 \leq \alpha \leq \mu,\quad 0 \leq s \leq \ell - k,\quad 1 \leq \beta_1, \ldots, \beta_s \leq m,$$

est un système de générateurs locaux de I_ℓ au point X_ℓ.

Remarquons finalement que les hypotheses H_i peuvent être remplacées par des hypothèses globales, c'est-à-dire, les conditions de régularité locale seront remplacées par des conditions globales. Dans ce cas les deux théorèmes précédents ainsi que leurs corollaires seront valables pour tout $X \in J$, l'entier $k(X)$ étant une fonction de X pas forcément constante ni bornée.

11. *Le cas régulier*

Soit $\pi: P \longrightarrow M$ une fibration et donnons nous un faisceau de Lie $\mathcal{L}$ sur P. Prenons un système de coordonnées locales (x^i) défini dans un ouvert U de M, indiquons par ∂_i les dérivées formelles correspondant aux champs $\partial/\partial x^i$ (éléments de R_{-1}) et considérons m invariants différentiels d'ordre k $\{f_1, \ldots, f_m\}$, m= dim M, tous définis dans un ouvert $\mathcal{U}_k \subset J_k$ tel que $\alpha(\mathcal{U}_k) \subset U$. La matrice jacobienne (aux dérivées formelles)

$$\Lambda = (\partial_i f_j)_{1 \leq i,j \leq m}$$

est une fonction matricielle définie dans $\rho^{-1}_{k,k+1}(U)$. Nous supposerons en plus que det $\Lambda \neq 0$ dans un ouvert non vide $\mathcal{U}_{k+1} \subset J_{k+1}$. Pour tout j, $1 \leq j \leq m$, définissons les variations infinitésimales d'ordre k+1 sur $\mathcal{U}_{k+1}$

$$\Phi_j = \det \Lambda^{-1} \cdot \det \begin{pmatrix} \partial_1 f_1 & \ldots\ldots & \partial_m f_1 \\ \ldots & \ldots\ldots & \ldots \\ \partial/\partial x^1 & \ldots\ldots & \partial/\partial x^m \\ \ldots & \ldots\ldots & \ldots \\ \partial_1 f_m & \ldots\ldots & \partial_m f_m \end{pmatrix} = \sum_{i=1}^{m} a^i_j \; \partial/\partial x^i$$

où les $\partial/\partial x^i$ se trouvent sur la j-ème ligne et les a^i_j sont des fonctions numériques sur $\mathcal{U}_{k+1}$. Si l'on pose $\Phi = (\Phi_1 \ldots \Phi_m)$ et $\partial/\partial x = (\partial/\partial x^1 \ldots \partial/\partial x^m)$ on obtient en notation matricielle

$$\Phi = \partial/\partial x \cdot \Lambda^{-1} \tag{11.1}$$

A l'aide de la première formule fondamentale (théoreme 5.2) on démontre le

THEOREME 11.1

Chaque Φ_j est une variation infinitésimale admissible et la famille $\{\Phi_j(Y)\}$ est une base de T_yM pour tout $Y \in \mathcal{U}_{k+1}$, $y = \alpha(Y)$.

Revenons à ce point sur les raisonnements de Sophus Lie. Soit $X_{k+1} = j_{k+1}\sigma(x) \in \mathcal{U}_{k+1}$, $X_k = \rho_{k,k+1}X_{k+1}$ et considérons la section locale $j_k\sigma$ de J_k. Son image, notée encore par $j_k\sigma$, est une sous-variété régulière de J_k. Indiquons par (X^i) les fonctions coordonnées de $j_k\sigma$ transportées des coordonnées (x^i) de M et par F_j les restrictions à $j_k\sigma$ des fonctions invariantes f_j. Or, la définition même des dérivées formelles (cf. §3) montre que

$$\partial_i f_j(X_{k+1}) = \frac{\partial F_j}{\partial X^i}(X_k)$$

par conséquent la condition det $\Lambda(X_{k+1}) \neq 0$ est équivalente à supposer que les fonctions $\{F_1,\ldots,F_m\}$ sont indépendantes au point X_k et définissent par conséquent un nouveau système de coordonnées locales de j_k au voisinage de X_k. En plus, si l'on indique par δ_i la dérivation formelle correspondant à Φ_i, on trouve la relation

$$(11.2) \qquad \delta_i g(X_{k+1}) = \frac{\partial G}{\partial F_i}(X_k)$$

où g est une fonction locale quelconque définie au voisinage de X_k et G est sa restriction à $j_k\sigma$. Si maingenant g est un invariant différentiel de $\mathcal{L}$, il en sera de même de $\delta_i g$ car c'es *la dérivée de la fonction invariante* g *par rapport à la variable invariante* f_i (Sophus Lie [8]).

Ceci est l'idée même sous-jacente à la formule (11.1). En effet, remplaçons $\partial/\partial x$ par $\partial/\partial X = (\partial/\partial X^1 \dots \partial/\partial X^m)_{X_k}$ et Φ par $\partial/\partial F = (\partial/\partial F_1 \dots \partial/\partial F_m)_{X_k}$. Comme $\Lambda(X_{k+1})$ est égal à la matrice jacobienne $(\partial F_j/\partial X^i)_{X_k}$, la formule (11.1) se réduit à

$$(11.3) \qquad \partial/\partial F = \partial/\partial X \cdot \frac{\partial F}{\partial X}^{-1}$$

qui n'es autre que l'expression classique des nouvelles dérivées partielles par un changement de variables.

On dira qu'un point $X_{k+1} \varepsilon\ J_{k+1}$ est régulier s'il existe m invariants différentiels $\{f_j\}$ d'ordre k définis dans un voisinage de $X_k = \rho X_{k+1}$ et tel que $\det \Lambda(X_{k+1}) \neq 0$. Indiquons par τX_{k+1} l'espace tangent à $j_k\sigma$ au point X_k $(j_{k+1}\sigma(x) = X_{k+1})$.

LEMME 11.1

Les conditions suivantes sont équivalentes

1 - $\det \Lambda(X_{k+1}) \neq 0$,

2 - *La famille des restrictions* $(df_j | \tau X_{k+1})$; $1 \leq j \leq m$, *est libre*,

3 - $\ker_{X_k} \{df_j\}_{1 \leq j \leq m} \cap \tau X_{k+1} = 0$.

THEOREME 11.2

Soit $\mathcal{L}$ un faisceau de Lie et supposons que Δ_k est régulier et intégrable pour un entier fixé k. Dans ces conditions, l'hypothese H_3 est vérifiée en tout point $X \in J$ tel que

$$(\Delta_k)_{X_k} \cap \tau X_{k+1} = 0.$$

L'ensemble des $X \in J$ vérifiant la condition ci-dessus est un ouvert $\mathcal{U}$ de J dense dans $q_k^{-1}(\rho_{k,k+1}\mathcal{U}_{k+1})$ où $q_k: J \to J_k$ est la projection canonique.

Remarquons finalement que $\mathcal{R}^{\circ}(\mathcal{L}) = 0$ dans le cas régulier. Un exemple de cas régulier qui se présente souvent en géométrie et celui d'un couple de variétés M,N et d'un faisceau de Lie $\mathcal{L}$ sur N qui opère sur $J_k(M,N)$ à l'aide du prolongement "par le but".

12. *Equations différentielles invariantes*

Dans ce dernier paragraphe nous esquissons quelques idées de Lie relatives à la construction des équations différentielles auxiliaires Φ_i (cf. §1).

Soit $\mathcal{L}$ un faisceau de Lie sur P vérifiant les hypotheses H_i, $1 \leq i \leq 3$, relatives à un jet infini $X = (X_k) \in J$. Supposons en plus qu'il existe un entier $k_\circ$ tel que le jet $X_{k_\circ+1} \in J_{k_\circ+1}$ est régulier et indiquons par δ_i les dérivées formelles d'ordre $k_\circ+1$ relatives aux invariants indépendants d'ordre $k_\circ \{f_1, \dots, f_m\}$. En prenant au besoin un entier plus grand, nous pouvons également supposer que $k_\circ+1 \geq \max\{h(X), k_2\}$. Pour tout $k \geq k_\circ+1$ il existe un voisinage ouvert $\mathcal{U}_k$ de X_k simple par rapport au feuilletage Δ_k, c'est-à-dire, $\Delta_k | \mathcal{U}_k$ admet un quotient différentiable que nous indiquons par V_k. Les invariants différentiels d'ordre k de $\mathcal{L}$ définis dans $\mathcal{U}_k$ ne sont autres que les relevements des fonctions locales de V_k. On peut donc appeler V_k la variété des invariants d'ordre k de $\mathcal{L}$ (au voisinage de X_k). Comme Δ_{k+1} se projette sur Δ_k, la projection $\rho_{k,k+1}$ induit une projection $\mu_{k,k+1}: V_{k+1} \to V_k$. En outre, les dérivations formelles admissibles induisent des dérivations "formelles" sur les fonctions des variétés V_k et jouissent de propriétés analogues.

Prenons en particulier un système fondamental d'invariants différentiels d'ordre k_o+1 au voisinage de X_{k_o+1} de la forme

(12.1) $$\{f_1,\dots,f_m,g_1,\dots,g_p\}.$$

Puisque $\delta_i f_j = \delta_{ij}$ est une constante, on trouve, en appliquant le théorème 10.2, le système de générateurs locaux

(12.2) $$\{f_1,\dots,f_m,g_1,\dots,g_p,\ \delta_i g_j\}$$

à l'ordre k_o+2 et plus généralement le système

(12.3) $$\{f_1,\dots,f_m,g_1,\dots,g_p,\dots,\delta_{i_1}\dots\delta_{i_s}\ g_j,\dots\}\quad 1\leq s\leq k-k_o-1$$

à l'ordre k. En termes des variétés V_k, le système (12.1) passe au quotient en un système de coordonnées locales de V_{k_o+1} et le système (12.3) passe au quotient en un système de générateurs de V_k, autrement dit, il est possible d'extraire un système de coordonnées locales de V_k parmi les fonctions (12.3). Ceci montre que la famille (V_k) des variétés d'invariants différentiels à des propriétés entièrement analogues, ou tout au moins très semblables, à la famille (J_kP) des variétés de jets associées à une fibration $P \to M$. En effet, si l'on prend des coordonnées locales (x^i) dans M et (x^i,y^j) dans P alors $(x^i,y^j,\partial^\alpha,y^j)$, $1\leq|\alpha|\leq k$, est un système de coordonnées locales de J_kP où $\partial^\alpha\, y^j = \partial_1^{\alpha_1}\dots\partial_m^{\alpha_m}\, y^j$ et chaque ∂_i est la dérivée formelle associée au champ de vecteurs $\partial/\partial\, x^i$. Dans le cas des va riétés d'invariants, l'analogue de M est $V_{k_\circ}$ et celui de P est $V_{k_\circ+1}$. Bien entendu, les dérivées successives dans (12.3) ne sont pas forcément des fonctions indépendantes comme dans le cas des variétés de jets et, en plus, on trouve en général des relations de commutation non nulles i.e., $[\delta_i,\delta_j] \neq 0$.

Considérons maintenant un système d'équations différentielles Φ_1 d'ordre 1, c'est-à-dire, un idéal dans l'algèbre des fonctions différentiables de J_k (il est préférable de considérer un pré-faisceau en idéaux). On dira que l'équation est invariante par $\mathcal{L}$ si l'idéal Φ_1 est invariant par l'action du faisceau prolongé $\mathcal{L}_1$:

$$p_\theta \Phi_1 \quad \Phi_1 \quad \text{pour tout } \theta \in \mathcal{L} \text{ .}$$

Or, moyennant certaines conditions de régularité, il est possible de démontrer que l'idéal invariant Φ_1 est engendré (localement) par des fonctions invariantes, c'est-à-dire, par des invariants différentiels d'ordre 1 $\{F_1,\ldots,F_{\lambda(1)}\}$. Indiquons par Φ_k le prolongement d'ordre k-1 de l'équation Φ_1. Ce prolongement est une équation différentielle d'ordre k invariante par $\mathcal{L}$, comme résulte trivialement de la première formule fondamentale et de la proposition 8.2. Pour tout $k \geqslant \max\{1,k_\circ+1\}$ on définit une "équation différentielle quotient" sur V_k à savoir l'idéal Ψ_k engendré par. les quotients des fonctions invariantes contenues dans Φ_k. L'équation Ψ_k se représente localement par un nombre fini d'équations

$$(12.4) \qquad F_\lambda(f_i,g_j,\delta_{i_1}\ldots\delta_{i_s}g_j) = 0 \qquad 1\leqslant\lambda\leqslant\lambda(k), \quad 1\leqslant s\leqslant k-k_\circ-1,$$

en les "variables invariantes indépendantes" f_i, les "variables invariantes dépendantes" g_j et les "dérivées par tielles" successives des g_j par rapport aux f_i. On voit ainsi que la méthode de réduction (passage au quotient) de l'équation Φ_1 invariante par le faisceau de Lie $\mathcal{L}$ consiste tout d'abord à produire, à l'aide des invariants différentiels, une famille de variétés (V_k) qui ressemblent aux variétés de k-jets et ensuite quotienter le systeme d'équations Φ_1, ou un de ses prolongements Φ_k, en un système d'équation Ψ_1(resp. Ψ_k) qui s'écrit à l'aide des invariants dépendants et indépendants ainsi que des dérivées partielles formelles succesives (système (12.4)). En outre, il existe un entier L tel que les équations Ψ_l, $l \geqslant L$, sont les prolongements successifs de l'équation Ψ_L, le prolongement étant défini à l'aide des dérivations formelles induites dans les quotients. Les équations Ψ_k ne sont pas des équations différentielles au sens habituel car les V_k ne sont pas des vraies variétés de jets. Cependant, si l'on considere l'equation Ψ'_k (ou le système (12.4)') obtenue de Ψ_k (resp. (12.4)) en remplaçant f_i par x^i, g_j par y^j et les dérivées formelles $\delta_{i_1} \ldots \delta_{i_s}$ par des vraies derivées partielles successives, on voit aussitôt que toute solution $y^j = \varphi^j(x^1, \ldots x^m)$ de Ψ'_k détermine une solution $g_j = \varphi^j(f_1, \ldots f_m)$ de Ψ_k et réciproquement. En effet, puisque $\delta_i f_j = \delta_{ij}$, on trouve la relation

$$(12.5) \qquad \delta_i\left[\varphi^j(f_1, \ldots, f_m)\right] = \frac{\partial \varphi^j}{\partial x^i}(f_1, \ldots, f_m)$$

et cette formule s'étend aux dérivées successives.

Considérons finalement la donnée de deux faisceaux de Lie $\mathcal{L}_0 \subset \mathcal{L}$ et supposons que $\mathcal{L}_0$ est un idéal de $\mathcal{L}$. Faisons la construction précédente relative au faisceau de Lie $\mathcal{L}_0$, ce qui donne une équation différentielle quotient Ψ_L. Puisque $\mathcal{L}_o$ est un idéal de $\mathcal{L}$ on voit aussitot que les dérivées holonomes p_θ, $\theta \in \mathcal{L}$, laissent stable l'ensembles des invariants différentiels de $\mathcal{L}_o$ par conséquent induisent des "dérivations holonomes" sur les fonctions des variétés quotients V_k et ces dérivations quotients ne dépendent que de $\mathcal{L}/\mathcal{L}_o$. Puisque Φ_1 est invariant par $\mathcal{L}$ on en déduit que l'équation quotient Ψ_L est invariante par $\mathcal{L}/\mathcal{L}_o$. Ensuite, étant donnée une solution σ de Ψ_L on construit une équation différentielle Λ_L d'ordre L invariante par $\mathcal{L}_o$. Les solutions de Λ_L sont les solutions particulieres de Φ_L qui se projettent sur σ. Plus généralement, étant donnée une suite normale $0 = \mathcal{L}_o \subset \mathcal{L}_1 \subset \ldots \subset \mathcal{L}_n = \mathcal{L}$, on itère la construction précédente en la faisant tout d'abord pour le couple $\mathcal{L}_{n-1} \subset \mathcal{L}_n$ et l'équation Φ_1, ensuite pour le couple $\mathcal{L}_{n-2} \subset \mathcal{L}_{n-1}$ et l'équation Λ_L, etc

Universita degli Studi, Firenze
Université de Montreal

BIBLIOGRAPHIE

1 E. CARTAN
Les systèmes différentiels extérieurs et leurs applications géométriques, Hermann, París (1946).

2 E. CARTAN
Les sous-groupes des groupes infinis.Ann.Ec.Normale 25, (1908). Oeuvres completes, Partie II, Vol 2.

3 E. CARTAN
Sur la géométrie pseudo-conforme des hypersurfaces de l'espace de deux variables complexes. Annali di Mat. 11 (1932). Oeuvres completes, Partie II, Vol. 2.

4 A. KUMPERA
Sur l'intégration d'une classe remarquable de systèmes différentiels automorphes par la méthode de Sophus Lie, Cahiers Topol. et Géom. Differ. IX (1966)

5 A. KUMPERA
Equivalence locale de structures de contact de codimension un. Can.J.Math. XXII (1970).

6 A. KUMPERA and D.C. SPENCER
Lie Equations, Volume I: General Theory. Annals. of Math. Studies #73, Princeton (1972).

7 M. SOPHUS LIE
Begründung eimer Invarianten Theorie der Berüh-rungs transformationen. Math.Ann. VIII(1874). Gesammelte Abhandlungen, Band IV.

8 M. SOPHUS LIE
Uber Differentialinvarianten, Math.Ann. XXIV (1884) Gesammelte Abhandlungen, Band VI.

9 M. SOPHUS LIE
Allgemeine Untersuchngen über Differentialgleichungen die eine kontinuierliche, endliche Gruppe gestatten, Math.Ann. XXV (1885). Gesammelte Abhandlungen, Band VI.

10 M. SOPHUS LIE
Zur allgemeine Theorie der partiellen Differentialgleichungen beliebigeer Ordnung, Leipz. Ber.(1895). Gesammelte Abhandlungen, Band VI.

11 M. SOPHUS LIE
Verwertung des Gruppenbegriffes für Differentialgleichungen, Leipz.Ber (1895). Gesammelte Abhandlungen, Band VI.

12 M. SOPHUS LIE
Geschichtliche Bemerkungen zur allgemeinen Theorie der partiellen Differentialgleichungen erster Ordnung Gesammelte Abhandlungen, Band VII.

13 P. MEDOLAGHI
Classificazione delle equazioni alle derivate parziali del secondo ordine, che ammettono un gruppo infinito di transformazioni puntuali. Ann.di Mat. I(1898).

14 A. TRESSE
Sur les invariants différentiels des groupes continus de transformations. Acta Math. 18 (1894).

15 E. VESSIOT
Théorie des groupes continus. Ann.Ec.Normale 20(1903)

16 E. VESSIOT
Sur l'intégration des systèmes différentiels quei admettent des groupes continus de transformations, Acta Math. 28 (1904)

17 E. VESSIOT
Sur une théorie nouvelle des problèmes généraux d'intégration. Bull.Soc.Math.France 52 (1924)

L'ALGEBRE DE LIE DES AUTOMORPHISMES SYMPLECTIQUES

André Lichnerowicz

On sait le rôle joué par les structures symplectiques en géométrie différentielle comme en mécanique analytique classique ou quantique. Je me propose dans cette conférence d'étudier la structure de l'algèbre de Lie des automorphismes infinitésimaux d'une variété symplectique, algèbre de Lie qui est de dimension infinie. J'indiquerai aussi comment, en collaboration avec André AVEZ, Nous avons pu déterminer les espaces de dérivations correspondant aux différents algèbres de Lie qui apparaissent liées à une structure symplectique. On doit noter que des travaux récents de GUELFAND et ARNOLD portent sur des sujets analogues, mais en se limitant au cas de variétés compactes.

I - STRUCTURE SYMPLECTIQUE

1 - Notion de variété symplectique

a) Soit W une variété différentiable connexe, paracompacte de dimension $2n$; TW (resp. T^*W) est le fibré tangent (resp. cotangent). Tous les éléments introduits sont supposés de classe C^∞.

Une structure symplectique sur W est définie par la donnée d'une 2-forme F fermée telle que F^n soit partout $\neq 0$. Le fibré cotangent d'une variété différentiable arbitraire admet une structure symplectique canonique qui intervient de manière essentielle en mécanique analytique.

Nous notons $\{x^i\}$ (i, tout indice latin = 1,...,2n) une carte locale de domaine U pour W . On sait qu'il existe sur W des atlas de coordonnées canoniques $\{x^\alpha, x^{\bar{\alpha}}\}$ (α, tout indice grec = 1,...,n ; $\bar{\alpha} = \alpha \; n$) telles que :

$$F|_U = \sum_\alpha dx^\alpha \wedge dx^{\bar{\alpha}} \tag{1-1}$$

La variété symplectique (W, F) admet l'élément de volume $\eta = F^n/n\,!$ Nous notons N l'espace des fonctions $C^\infty(W\,;\,R)$, N_0 le sous-espace des fonctions à supports compacts, N_1 le sous-espace de N_0 défini par les fonctions u vérifiant :

(1-2) $$\int_W \kappa\eta = 0$$

b) Soit $\mu : TW \to T^* W$ l'isomorphisme de fibrés défini par $X \to -i(X)F$, où $i(\ )$ est le produit intérieur. Cet isomorphisme s'étend de manière naturelle aux fibrés tensoriels. Nous notons Λ l'opérateur sur les formes défini par $i(\mu^{-1}(F))$, $*$ l'adjonction symplectique sur les formes $(\alpha \to * \alpha = i(p^{-1}(\alpha))\eta)$, δ l'opérateur de codifférentiation symplectique défini sur une p-forme par $\delta = (-1)^p *^{-1} d *$. On vérifie facilement que pour toute 1-forme ξ :

(1-3) $$\Lambda d\xi = \delta\xi$$

A ξ on peut associer une autre 1-forme $C\xi$ telle que $\delta\xi$ ne soit autre que la divergence de $C\xi$ relativement à une métrique presque kählerienne subordonnée à la structure symplectique. Il en résulte que si ξ est à support compact:

(1-4) $$\int_W \Lambda d\xi . \eta = \int_W \delta\xi . \eta = 0$$

2 - Transformations infinitésimales symplectiques

a) Soit $\mathcal{L}(X)$ l'opérateur de dérivée de Lie relativement à un champ de vecteurs X. On a :

(2-1) $$\mathcal{L}(X) F = d\, i(X) F = -d\mu(X)$$

Une transformation infinitésimale symplectique est définie par un champ de vecteurs X tel que $\mathcal{L}(X)F = 0$, c'est-à-dire tel que la 1-forme $\mu(X)$ soit fermée. Nous notons L l'algèbre de Lie des transformations infinitésimales symplectiques. Si $X, Y \in L$, on a :

(2-2) $$\mu([X,Y]) = d\,\Lambda(\mu(X) \wedge \mu(Y))$$

Soit L^* l'image par μ^{-1} de l'espace des 1-formes exactes. D'après (2-2) $[L, L] \subset L^*$. Si $X \in L$, $Y \in L^*$ (avec $\mu(Y) = dv$, $v \in N$)

(2-3) $$\Lambda(\mu(X) \wedge dv) = \mathcal{L}(X)\, v = -\Lambda d(v\,\mu(X)) = -\delta(v\,\mu(X))$$

Soit L_o le sous-espace de L défini par les vecteurs X à supports compacts, L_o^* le sous-espace de L_o défini par les vecteurs $X = \mu^{-1}(du)$, où $u \in N_o$. D'après (2-3), $[L, L_o] \subset L_o^*$.

Si $X \in L$, $Y \in L_o^*$ (avec $\mu(Y) = dv$, $v \in N_o$) la 1-forme $v\mu(X)$ est à support compact et il résulte de (2-3) et (1-4) que $\Lambda(\mu(X) \wedge \mu(Y)) \in N_1$. Soit L_1 le sous-espace de L_o^* correspondant aux fonctions $u \in N_1$. On a $[L, L_o^*] \subset L_1$ et de même $[L^*, L_o] \subset L_1$.

<u>Proposition 1</u> - 1°) <u>L^* est un idéal de L tel que L/L^* est abélien.</u>

2°) <u>On a $[L, L_o] \subset L_o^*$. En particulier L_o et L_o^* sont des idéaux de L et L_o/L_o^* est abélien.</u>

3°) <u>On a $[L, L_o^*] \subset L_1$, $[L^*, L_o] \subset L_1$. En particulier, L_1 est un idéal de L.</u>

b) Soit $H^1(W ; R)$ (resp. $H_o^1(W ; R)$) le premier espace de cohomologie de W à supports fermés (resp. compacts) ; $b_1(W)$ et $b_1^o(W)$ sont les dimensions correspondantes ; $b_1(W)$ est le premier nombre de Betti pour l'homologie à supports compacts, $b_1^o(W)$ le premier nombre de Betti pour l'homologie à supports restreints. On déduit des théorèmes de G. de RHAM.

<u>Proposition 2</u> - <u>L'espace L/L^* est isomorphe à l'espace de cohomologie $H^1(W ; R)$ et $\dim L/L^* = b_1(W)$</u>

2°) <u>L'espace L_o/L_o^* est isomorphe à l'espace de cohomologie $H_o^1(W ; R)$ et dim. $L_o/L_o^* = b_1^o(W)$</u>

3 - Transformations infinitésimales conformes symplectiques

a) X définit une transformation infinitésimale conforme symplectique si $\mathcal{L}(X)F = aF$. Pour $n > 1$, a est nécessairement une constante. Nous notons L^c et appelons (par abus de langage pour $n = 1$) algèbre des t. i. conformes symplectiques, l'algèbre des champs de vecteurs X tels qu'il existe une constante K_X pour laquelle :

(3-1) $$\mathcal{L}(X)F + K_X F = 0$$

Pour $X \in L^c$, $Y \in L$, on a :

$$\mu([X, Y]) = d\Lambda(\mu(X) \wedge \mu(Y)) + K_X\, \mu(Y)$$

$\mu(Y)$ étant fermée, $\mu([X, Y])$ est fermée et $[X, Y] \in L$. Ainsi L est un idéal de L^c .

b) Si $X \in L^c$, (3-1) s'écrit :

$$K_X F = d\mu(X)$$

Si F n'est pas exacte (en particulier si W est compacte), $K_X = 0$ pour tout $X \in L^c$ et L^c coïncide avec L

Si F est exacte, $F = d\mu(X_o)$ et $X_o \in L^c$ avec $K_{X_o} = 1$. On voit facilement que l'espace L^c est la somme directe $L^c = L \oplus C_o$, où C_o est l'espace de dimension 1 engendré par X_o . En particulier dim $L^c/L = 1$

II - REDUCTIVITE DE SOUS-ALGEBRES DE L^*_o

4 - Crochets de Poisson et produit scalaire invariant sur L^*_o

a) Le crochet de Poisson $\{u, v\}$ de deux fonctions $u, v \in N$ est donné par

$$\{u, v\} = \Lambda(du \wedge dv) \tag{4-1}$$

En coordonnées canoniques de domaine U , on a :

$$\{u, v\}\big|_U = \sum_\alpha (\partial_\alpha u\, \partial_{\bar\alpha} v - \partial_\alpha v\, \partial_{\bar\alpha} u) \qquad (\partial_i = \partial/\partial x^i) \tag{4-2}$$

Le crochet de Poisson définit sur N une structure d'algèbre de Lie. On déduit de (2-2) que si N/R est l'espace des classes de fonctions de N modulo des constantes additives, $\{\ ,\ \}$ induit sur N/R une structure d'algèbre de Lie isomorphe à L^* .

De plus, (1-4) implique $\{N, N_o\} \subset N_1$ et N_o et N_1 sont des idéaux de N . Si W est non compacte, à tout élément $X \in L^*_o$ correspond par $\mu(X) = du$ une fonction unique u de N_o . Ainsi L^*_o est isomorphe à N_o et L_1 à N_1

Si W est compacte , $L_o = L$, $L^*_o = L$. Si $X \in L^*$, $\mu(X)$ définit une classe de N/R et cette classe contient un élément unique de N_1 . Ainsi $L^* = L^*_o = L_1$ est isomorphe à N_1 .

Dans les deux cas, si $X \in L_0^*$ nous posons $u = \sigma(X)$, où σ est l'isomorphisme $L_0^* \to N_0$ dans le cas non compact et l'isomorphisme $L_0^* \to N_1$ dans le cas compact.

b) Ceci posé, si $X, Y \in L_0^*$ (avec $u = \sigma(X)$, $v = \sigma(Y)$), on peut définir sur L_0^* une structure d'espace préhilbertien à partir du produit scalaire

(4-3) $$\langle X, Y \rangle = \int_W u v \eta$$

Si $Z \in L$ et $\mu(Z) = \xi$, on a :

$$\langle [Z,X], Y \rangle + \langle X, [Z,Y] \rangle = \int_W \Lambda \big((\xi \wedge du) v + (\xi \wedge dv) u \big) \eta = - \int_W \Lambda d(uv\xi) \cdot \eta$$

où la 1-forme $uv\xi$ est à support compact. Ainsi

(4-4) $$\langle [Z,X], Y \rangle + \langle X, [Z,Y] \rangle = 0$$

Le produit scalaire $\langle X, Y \rangle$ défini sur l'idéal L_0^* de L est invariant par l'action de $ad(L)$

5 - Algèbres de Lie admettant un produit scalaire invariant

a) Soit A une algèbre de Lie arbitraire (de dimension finie ou infinie) sur le corps des réels ; A est dite semi-simple si elle n'admet aucun idéal abélien $\neq \{0\}$; elle est dite réductive si elle est somme directe de son centre C et d'un idéal semi-simple. Nous considérons ici des algèbres A admettant un produit scalaire invariant par $ad(A)$. On établit immédiatement :

Lemme - Soit A une algèbre de Lie admettant un produit scalaire invariant

1°) Si I est un idéal de A, son centre est continu dans le centre C de A

2°) En particulier, tout idéal abélien de A est continu dans C ; A est semi-simple si et seulement si $C = 0$

On en déduit :

Théorème 1 - Soit A une algèbre de Lie admettant un produit scalaire invariant

1°) L'algèbre dérivée $A^{(1)}$ est semi-simple ; l'algèbre quotient A/C est semi-simple

2°) Si A est nilpotente ou résoluble, elle est abélienne.

En effet soit Γ le centre de $A^{(1)}$; d'après le lemme $\Gamma \subset C$ et si

$X, X' \in A$, $\mathcal{C} \in \Gamma$, on a $[\mathcal{C}, X] = 0$ et d'après l'invariance du produit scalaire

$$\langle [X,X'], c\rangle + \langle X', [X,c]\rangle = 0$$

Le second terme étant nul, $\mathcal{C}$ est orthogonal à $A^{(1)}$ donc à lui-même et $\mathcal{C} = 0$. Ainsi $\Gamma = 0$; $A^{(1)}$ admettant un produit scalaire invariant induit par celui défini sur A , il résulte du lemme que $A^{(1)}$ est semi-simple. Un raisonnement analogue est valable pour A/C. Il en résulte que si A est somme directe de C et d'un idéal celui-ci est semi-simple et A est réductive.

Si A est nilpotente, soit $A_{(p)}$ le premier terme nul de la série centrale descendante. Pour $p > 1$ on a si $X, Y \in A$, $Z \in A_{(p-1)}$:

$$\langle [X,Y], Z\rangle + \langle Y, [X,Z]\rangle = 0$$

où le second terme est nul ; $A_{(p-1)}$ est orthogonal à $A_{(1)}$ donc à lui-même et $A_{(p-1)} = 0$. Ainsi $A_{(1)} = 0$ et A est abélienne. Un raisonnement analogue est valable sur la série dérivée, quand A est résoluble.

Théorème 2 - Soit A une algèbre de Lie admettant un produit scalaire invariant. Si C est de dimension finie, A est réductive.

Si C est de dimension finie, c'est un sous-espace complet de l'espace préhilbertien A . Il existe un orthocomplément B de C dans A qui est invariant par $ad(A)$; B est donc un idéal et A est réductive.

b) Il résulte de notre étude que toute sous-algèbre A de L_0^* admet un produit scalaire invariant par $ad(A)$

Les deux théorèmes précédents sont donc valables pour de telles algèbres. En particulier toute sous-algèbre de dimension finie de L_0^* est réductive.

III - IDEAUX

6 - (2n - 1)-formes et lemme de Calabi généralisé.

a) Soit P l'espace des $(2n - 1)$-formes de W à supports compacts. Si $u \in N_1$, il existe $\psi \in P$ telle que

$$u\eta = d\psi$$

ou

(6-1) $$u = *d\psi = -\delta * \psi$$

Si $X = \mu^{-1}(du) \in L_1$, on a pour les supports

(6-2) $$S(X) \subset S(u) \subset S(\psi)$$

Si $X \in L_1$, $Y \in L$, on a $\mu([X, Y]) = dw$ avec

$$w = \Lambda(du \wedge \mu(Y)) = \delta(u\,\mu(Y))$$

A w on peut faire correspondre la forme $\psi_w = -*(u\mu(Y))$. En particulier :

(6-3) $$S(\psi_w) = S(u) \cap S(Y)$$

b) L'un des principaux instruments de l'étude est le lemme suivant qui est une large généralisation d'un résultat de Calabi.

Lemme de Calabi généralisé - Soit U, U' deux domaines contractibles ($\bar{U}' \subset U$) de W . Donnons-nous 2n fonctions $w^{(i)} \in N_1$, avec $S(w^{(i)}) \subset U$, telles que les $x^i = w^{(i)}|_{U'}$ définissent une carte locale sur U'

Si u est un élément de N_1 tel que $S(u) \subset U'$, il existe 2n fonctions $v_{(i)} \in N_1$, avec $S(v_{(i)}) \subset U$, telles que

$$u = \sum_i \{v_{(i)}, w^{(i)}\}$$

7 - Fermés de nullité et idéaux canoniques correspondants

Dans la suite, on introduit sur N_1(resp P) la topologie usuelle par les fonctions-tests (resp.(2n-1)-formes teste) en théorie des distributions ; P, N_1 et par suite L_1 sont considérés comme espaces vectoriels topologiques. Il est clair que l'application $\psi \in P \to u = -\delta * \psi \in N_1$ est continue et que les topologies de N_1 ou L_1 sont compatibles avec le crochet

a) Soit M un sous-espace de L. Son fermé de nullité $n(M)$ est l'ensemble fermé f des points x de W tels que $X(x) = 0$ pour tout $X \in M$; $\complement f$ est l'ouvert complémentaire. L'espace M est transitif en $x_0 \in \complement f$ si les valeurs en x_0 des éléments de M engendrent l'espace vectoriel tangent en x_0 à W ; M est transitif sur un ouvert s'il est transitif en chaque point de l'ouvert ;

L_1(et L_o^*, L_o, L^*, L) sont transitifs sur W.

Si $M \subset L_1$, $\overline{M}$ a le même fermé de nullité que M.

Un fermé f étant donné, considérons l'espace des éléments Ψ de P tels que $S(\Psi) \subset \complement f$. A cet espace correspond par $\Psi \to X = \mu^{-1}(-d\delta * \Psi) \in L_1$ un sous-espace $I_c(f)$ de L_1. D'après (6-3), $I_c(f)$ et $\overline{I_c(f)}$ sont des idéaux de L admettant f comme fermé de nullité ; $I_c(f)$ est dit l'idéal canonique associé à f.

b) Nous notons $\hat{I}_c(f)$ l'idéal de L correspondant à l'espace des éléments Ψ de P tels que $S(\Psi) \subset \overline{\complement f}$; $I_d^1(f)$ (resp $I_d(f)$) est l'idéal de L défini par les éléments X de L_1(resp. L) tels que $S(X) \subset \overline{\complement f}$. On a $\overline{I_c(f)} \subset I_d^1(f)$ et $I_d^1(f)$ est fermé dans L_1. D'après (6-3) :

(7-1) $$[L^*, I_d^1(f)] \subset \hat{I}_c(f) \qquad [L_1, I_d(f)] \subset \hat{I}_c(f)$$

Nous posons $\hat{f} = \mathring{\bar{f}}$. Les idéaux $\hat{I}_c(f)$, $I_d^1(f)$, $I_d(f)$ admettent $\hat{f}$ comme fermé de nullité. De plus on voit aisément que $\hat{I}_c(f) \subset I_c(\hat{f})$.

c) On a le lemme suivant :

Lemme - Soit M (avec $n(M) = f$) un sous-espace de L invariant par $I_c(f)$. Le sous-espace $[M, I_c(f)]$ invariant par $I_c(f)$ est transitif sur $\complement f$ et admet f comme fermé de nullité

En effet, si $x_o \in \complement f$, il existe $X \in M$ tel que $X(x_o) \neq 0$. Si $Y \in I_c(f)$ ($\mu(Y)) = dv$, $v = -\delta * \Psi$), on a $\mu([X, Y]) = dw$, où $w = i(X) dv$. Soit $U \subset \complement f$ un domaine contractile de coordonnées contenant x_o. On peut choisir $v \in N_1$, avec $S(v) \subset U$ tel que $Z = [X, Y]$ prenne en x_o une valeur vectorielle donnée. On note que $S(w) \subset U$. On a

Théorème - Soit M (avec $n(M) = f$) un sous-espace de L invariant par $I_c(f)$. On a

$$I_c(f) \subset M \qquad [M, I_c(f)] = I_c(f)$$

En particulier, si $f = \emptyset$, $I_c(f) = L_1$ et $L_1 \subset M$, $[M, L_1] = L_1$

Au point $x_o \in \complement f$, on choisit une base $(Z_{(i)})_o$ de l'espace tangent ; d'après le lemme, il existe 2n éléments $Z_{(i)}(\mu(Z_{(i)}) = dw^{(i)})$ de $[M, I_c(f)] \subset M$

prenant en x_o les valeurs $(Z_{(i)})_o$ tels que les $S(w^{(i)})$ soient dans un compact $K \subset U$. Il existe alors un domaine contractile U' contenant x_o tel que les $x^i = w^{(i)}|_{U'}$ définissent une carte locale de domaine U' . Si $u \in N_1$ vérifie $S(u) \subset U'$, il existe, d'après le lemme de Calabi, 2n fonctions $v_{(i)} \in N_1$ (avec $S(v_{(i)}) \subset U$) telles que

$$u = \sum_i \{v_{(i)}, w^{(i)}\}$$

d'où

$$\mu^{-1}(du) = \sum_i [\mu^{-1}(dv_{(i)}), Z_{(i)}]$$

Comme $S(v_{(i)}) \subset U$, il existe une (2n-1) forme $\Psi_{(i)}$ correspondant à $v_{(i)}$ vérifiant $S(\Psi_{(i)}) \subset U$ et ainsi $\mu^{-1}(dv_{(i)}) \in I_c(f)$. On a $\mu^{-1}(du) \in M$
Maintenant soit Ψ un élément de P avec $S(\Psi) \subset \complement f$ et soit $u = -\delta * \Psi$ l'élément correspondant de N_1 .
En introduisant un recouvrement fini convenable d'un voisinage ouvert de $S(\Psi)$, on en déduit que $X = \mu^{-1}(du) \in M$. Ainsi $I_c(f) \subset M$.

L'espace invariant $[M, I_c(f)]$ admet f comme fermé de nullité. On a donc $I_c(f) \subset [M, I_c(f)] \subset I_c(f)$ et notre théorème est démontré.

$I_c(f)$ étant de dimension infinie pour $f \neq W$, tout espace $M \neq \{0\}$ est de dimension infinie.

8 - Idéaux et idéaux canoniques - Semi-simplicité

Un fermé f étant donné, prenons $M = I_c(f)$. Il vient :

$$[I_c(f), I_c(f)] = I_c(f) \qquad [\overline{I_c(f)}, \overline{I_c(f)}] = \overline{I_c(f)}$$

$I^1_d(f)$ admettant $\hat{f}$ comme fermé de nullité, $[I_c(\hat{f}), I^1_d(f)] = I_c(\hat{f})$ donc $\overline{[I_c(\hat{f}), I^1_d(\hat{f})]} = \overline{I_c(\hat{f})}$. D'après (7-1), $\overline{I_c(\hat{f})} \subset \hat{I}_c(f)$, donc $\hat{I}_c(f) = \overline{I_c(\hat{f})}$.

a) Tout idéal de L dont le fermé de nullité est vide contient L_1 . Plus généralement <u>soit A une sous-algèbre de L contenant L_1</u>

Si I est un idéal de A (avec $n(I) = f$), I est invariant par L_1 , donc par $I_c(f)$ et l'on a

Théorème 1 - Si I (avec $n(I) = f$) est un idéal de A,

$$I_c(f) \subset I \qquad [I, I_c(f)] = I_c(f)$$

En particulier $I \neq \{0\}$ n'est jamais de dimension finie et est transitif sur $\mathcal{C}f$

Pour un idéal fermé $\bar{I}$ de L_1, on a $\overline{I_c(f)} \subset \bar{I}$ et ainsi

Théorème 2 - Un sous-espace fermé $\bar{I}$ de L_1 (avec $n(I) = f = \bar{\mathring{f}}$) est un idéal de L_1 si et seulement si $\overline{I_c(f)} \subset \bar{I}$. S'il en est ainsi

$$[\bar{I}, \overline{I_c(f)}] = [\bar{I}, L^*] = \overline{I_c(f)}$$

et $\bar{I}$ est un idéal de L^*.

b) Des résultats semblables sont valables pour un idéal J de I. En particulier si J (avec $n(J) = f'$) est abélien, on a $I_c(f') \subset J$ et

$$[\bar{J}, I_c(f')] = \bar{I}_c(f') = \{0\}$$

Ainsi $f' = W$ et $J = \{0\}$

Théorème 3 - Tout idéal I de A est semi-simple. En particulier L, L^*, L_o, L_o^*, L_1 et tous leurs idéaux sont semi-simples.

c) Soit I ($n(I) = f$) un idéal de A. On montre aisément que le centralisateur $Z(I)$ de I dans A coïncide avec l'ensemble des éléments de A nuls en chaque point de $\overline{\mathcal{C}f}$. On en déduit

Théorème 4 - Un idéal non trivial I de A n'admet jamais un idéal supplémentaire dans A.

Si I admet un idéal supplémentaire, c'est nécessairement $Z(I)$ et l'on a $L_1 \subset A = I \oplus Z(I)$. Comme chaque élément de A devrait être nul sur $f \cap \overline{\mathcal{C}f}$, on a $f \cap \overline{Cf} = \emptyset$, et ou bien $\overline{Cf} = \emptyset$, ou bien $f = \emptyset$

IV - DERIVATIONS

9 - Dérivations de L et L^*

a) AVEZ et moi-même avons déterminé récemment les dérivations des algèbres de Lie L, L^* et N. Une dérivation de L est une application linéaire $D : L \to L$ telle que pour chaque $X, Y \in L$

(9-1) $$D[X,Y] = [DX,Y] + [X,DY]$$

Mêmes définitions pour les dérivations de L^*, N et N_1.

On prouve directement que les dérivations de L, L^*, N_1 sont des opérateurs locaux. De plus l'espace des dérivations de L^* coïncide avec l'espace des restrictions à L^* des dérivations de L et est isomorphe à l'espace des dérivations de L.

D'autre part, les dérivations de N ne sont pas toutes locales. L'espace des dérivations de N_1 coïncide avec l'espace des restrictions à N_1 des dérivations de N. Il est isomorphe à l'espace des <u>dérivations locales</u> de $\mathcal{N}$. On note que si $\mathcal{D}$ est une dérivation de N, $\mathcal{D}1$ est une constante.

b) On a le théorème suivant :

<u>Théorème 1 - Toute dérivation de L^c, L, L^* est une transformation infinitésimale conforme symplectique $Y \to [X, Y]$, où $X \in L^c$</u>.

La démonstration utilise le lemme de Calabi et le fait que, si $\mathcal{D}$ est une dérivations de N, on a par un calcul direct, pour $u, v \in N$

$$\mathcal{D}\{u^2,v\} = \{\mathcal{D}u^2 - 2u\mathcal{D}u, v\} + 2u.\mathcal{D}\{u,v\} + 2\mathcal{D}u.\{u,v\}$$

Cette démonstration est trop technique pour être esquissée ici.

c) Pour la cohomologie des algèbres de Lie, l'espace des 1-cochaines fermées d'une algèbre de Lie est l'espace des dérivations et l'espace des 1-cochaines exactes celui des dérivations intérieures. On en déduit :

<u>Théorème 2 - Le premier espace de cohomologie $H^1(L^c ; R)$ est nul. L'espace de cohomologie $H^1(L ; R)$ est isomorphe à L^c/L et l'espace de cohomologie $H^1(L^*;R)$ à L^c/L^*. Si F n'est pas exacte (en particulier si W est compacte), $\dim H^1(L ;R) = 0$, $\dim H^1(L^*;R) = b_1(W)$. Si F est exacte, on a $\dim H^1(L ;R) = 1$, $\dim H^1(L^*; R) = b_1(W) + 1$, où $b_1(W)$ est le premier nombre de Betti de W pour l'homologie à supports compacts.</u>

10-Dérivations de $\mathcal{N}$

La situation diffère selon que W est compacte ou non.

a) Pour le cas non compact, on a :

Théorème 1 - Si W est non compacte, toute dérivation de l'algèbre de Lie N est locale et est donnée par $\mathcal{L}(X) + K_X$, où $X \in L^c$. L'espace de cohomologie $H^1(N;R)$ de N est isomorphe à l'espace L^c/L^* et a même dimension que $H^1(L^*; R)$

b) Si W est compacte, nous posons $V = \int_W \eta$ (volume de la variété). On a

Théorème 2 - Si W est compacte, toute dérivation $\mathcal{D}$ de l'algèbre de Lie N est donnée par :

$$\mathcal{D}u = \mathcal{L}(X)u + V^{-1}\mathcal{D}1 . \int_W u\eta$$

où $X \in L$ et $\mathcal{D}1 \in R$. On a $\dim H^1(N ; R) = b_1(W) + 1$.

J'ai développé récemment des recherches parallèles concernant les structures de contact. Les résultats sont notablement différents.

SUR DES GROUPES ASSOCIES A CERTAINES VARIETIES TRIDIMENSIONELLES

J. Sancho San Román

(Communication presentée par J. Sanco San Román,
III Colloque International de Géométrie Differentielle,
Santiago de Compostela, Octobre 1972)

Nous voulons parler de la simbiosis:
3-varietés ⟷ Théorie des groupes. Réellment, jusqu'ici, cette simbiosis a eté seulement montrée à travers de l'interrelation:
Proprietés de la varieté M ⟷ Proprietés du groupe fondamental $\pi_1(M)$.

Il existent beaucoup des travaux occupés á étudier cette relation, qui se montre interessante, mais je crois qu'il manque encore assez developpement pour en tirer le profit qu'elle paraît annoncer. Je pense, peut être, qu'il n'est pas fácile á trouver des mathematiciens qui travaillent dans les deux champs.

Nous voulons detacher, á titre des plus récentes et avancés, les suivants:

EPSTEIN (Proc. London Math. Soc., 1961) qui étude le cas $\pi_1(M)$ fini, et le cas abélien.

THOMAS (Proc. Cambridge Phil. Soc., 1968) qui étude le cas nilpotent.

EVANS-MOSER (Transactions A.M.S., 1972) qui étudent le cas résoluble.

Nous allons énoncer quelques des résultats les plus typiques et importants.

Soit M quelconque et π_1 abélien type fini. Alors, les sous-groupes possibles de π_1 sont: Z, $Z \oplus Z$, $Z \oplus Z_2$, $Z \oplus Z \oplus Z$, Z_r , oú Z_r denote le groupe cyclique d'ordre $\underline{r}$.

Si M quelconque et π_1 abélien non type fini, celui-ci

est un sous-groupe du groupe aditif des nombres rationels.

Soit maintenant M compacte et π_1 nilpotent. Alors π_1 est abélien ou un des suivants:

Le groupe quaternion generalisé $Q(2^k)$, $k \geq 3$.

La somme directe $Q(2^k) \oplus Z_{2n+1}$.

L'extension de $Z \oplus Z$ par $Z(c)$ telle que la matrix de l'automorphisme de $Z \oplus Z$ induite par c est $\begin{pmatrix} 1 & y \\ 0 & 1 \end{pmatrix}$, $y \neq 0$.

Une M donnée, on sait qu'il existe une varieté compacte $\bar{M}$ tridimensionelle, homotopiquement equivalente á M, dont la frontiére ne contient pas des surfaces sphériques S^2, et telle que chaque 3-cell homotopique contenue en $\bar{M}$, est homeomorphe á un 3-simplex standard.

Et bien, soit M compacte telle que $\pi_2(\bar{M}) = 0$. Alors, le groupe $\pi_1(M)$ est nilpotent infini si et seulement si M est equivalente a une des suivantes:

Un fibré sur une circonférence S^1 et fibre 2-disque.

Un fibré^N sur $S^1 \times S^1$ et fibre tore, et dont l'automorphisme c_N: $Z \oplus Z \longrightarrow Z \oplus Z$ associé, est du type $\begin{pmatrix} 1 & y \\ 0 & 1 \end{pmatrix}$.

Soit de nouveau M compacte, $\pi_2(\bar{M}) = 0$ et $Bd(\bar{M})$ non vide. Alors, $\pi_1(M)$ est résoluble infini si et seulement si M est equivalente á une des suivantes:

Un fibré sur S^1 et fibre disque.

Un fibré sur un tore et fibre $I = [0,1]$.

Un fibré sur une bouteille de Klein et fibre I.

On dit qu'une M compacte est <u>assez étendue</u> quand elle contient une surface incompressible qui ne soit pas disque ni surface sphérique.

Et bien, soit M fermée assez étendue, et telle que $\pi_2(\bar{M}) = 0$. Alors, $\pi_1(M)$ est résoluble infini si et seulement si M est equivalente a une des suivantes:

Un fibré sur S^1 et fibre tore.

Un fibré sur S^1 et fibre bouteille de Klein.

L'union de deux fibrés non triviaux sur bouteille de Klein et fibre I, qui sont coutus au long de ses frontiéres.

Si M est compacte assez étendue, $\pi_2(M) = 0$ et $\pi_1(M)$ résoluble infini, on suit que ce $\pi_1(M)$ est abélien ou un des suivants:

Le groupe fondamental K de la bouteille de Klein.

Une extension de K par Z.

Un product libre de deux groupes isomorphes a K, amalgamés par des sous-groupes isomorphes a $Z \oplus Z$.

Un résultat d'un caractére different des précedents, et que nous citons comme un exemple entre des autres, est le suivant:

Si M est compacte et $\pi_1(M)$ résoluble, on suit que $\pi_1(M)$ est supersoluble.

L'apparition de grupes fondamentales non résolubles peut arriver dans des varietés tridimensionelles plus generaux.

Une classe de varietés fermées mais non assez étendues, qui peuvent avoir un groupe fondamental résoluble ou non, est celle des "espaces fibrés de Seifert". Leur groupe π_1 est une extension de Z par un groupe $G(r,k;\ a_1,\ldots,a_k)$, dont l'étude peut remplacer l'étude du π_1. Une presentation de $G(r,k)$ est la suivante:

$$(x_i, y_i, q_j \mid \Pi_{i=1}^{r}(x_i y_i) = \Pi_{j=1}^{k} q_j \ ,\ q_j^{a_j} = 1).$$

Et bien, si $r \geq 2$, ou si $r=1$ et $k \geq 1$, on suit que $G(r,k)$ est non résoluble.

Il est aussi de même, que si a_1, a_2, a_3 sont primes relatives deux á deux, le $G(0,3;\ a_1,a_2,a_3)$ est non résoluble.

En resúme, il paraît assez bien etudié le cas de M compacte et lle de fermée assez étendue, mais seulement inicié l'étude des plus géneraux. Quelqu'un peut se demander s'il en resultera fécond de poursuivre cet étude. En tout cas, le chemin est ouvert á cette direction.

Un autre aspect qui ne paraît pas etüdié, est la consideration de des familles de varietés dont les groupes fondamentales composent des familles de groupes dejá etudiées, et á travers de celles-ci, chercher la caracterization topologique de celles-lá. Par exemple, les cases oú les groupes fondamentaux composent une varieté, une formation ou une classe de Fitting.

Faculté des Sciences
Université de Zaragoza
Zaragoza, Espagne

V. MESURES INVARIANTES

THE MEASURES INVARIANT UNDER AN EXPANDING MAP

Richard Sacksteder

1. Introduction. Krzyżewski and Szlenk [4] have shown that an expanding map of a compact manifold admits a normalized invariant measure whose zero sets are exactly those that correspond in a coordinate patch to a zero set of Euclidean space. Avez [2] had earlier proved a closely related theorem (cf. Section 9 below).

The theorem of Krzyżewski and Szlenk will be proved here in a form that shows how the smoothness of the invariant measure depends on the smoothness of the expanding map. Then it will be shown how a smooth measure converges to the invariant one under iteration of the expanding map, and various ergodic and probabilistic results will be derived. Finally, a functional equation whose properties are important for certain stability questions will be investigated (cf. [6]).

2. Expanding maps. From now on X will always denote a compact manifold and t an expanding map of X of class at least C^1. The definition (Shub, [7]) of an expanding map implies that for a suitable choice of Riemannian metric the tangent map Dt_x of t at any point x of X satisfies

(2.1) $$\lambda\|Dt_x(\xi)\| \geq \|\xi\| \qquad (\xi = \text{tangent vector at } x),$$

where $\lambda < 1$ is independent of x. It will always be assumed here that the metric is chosen to satisfy (2.1).

It is well known that t must be a covering map. If d denotes the absolute value of its degree, there exist near any x in X, d local inverses of t, which will be denoted by $S(x;a)$ $(a=1,\dots,d)$. In a neighborhood

hood of x the $S(\ ;a)$'s are as smooth as t is, but they cannot be smoothly extended to all of X. On the other hand, smooth symmetric functions of the $S(\ ;a)$'s are smooth functions globally on X.

Now suppose that the compact orientable manifold X has a normalized volume element, that is, a form ω of highest dimension of class C^1 that never vanishes and satisfies $\int_X \omega = 1$. For a local inverse $S(\ ;a)$ defined near x, let $h(x;a)$ denote the Jacobian of $S(x;a)$, that is the unique positive function that satisfies:

$$\int_A h(y;a)\omega = \int_{A_a} \omega \quad , \tag{2.2}$$

where A is a measurable subset of X contained in the domain of $S(\ ;a)$ and $A_a = S(A;a)$. For the present purposes, ω is best viewed as defining a measure μ by

$$\mu(A) = \int_A \omega \quad .$$

Let $t_*\mu$ denote the measure defined by $(t_*\mu)(A) = \mu(t^{-1}(A))$. Then it is easy to verify that the Radon-Nikodym derivative is given by

$$dt_*\mu/d\mu(x) = \sum_{a=1}^{d} h(x;a) \quad . \tag{2.3}$$

Note that the function on either side of (2.3) makes global as well as local sense. More generally, if f is any μ-integrable function, and Ef is given by $Ef(x) = \sum_{a=1}^{d} f(S(x;a))h(x;a)$, then

$$\int_A Ef(x)\mu(dx) = \int_{t^{-1}(A)} f(x)\mu(dx) \tag{2.4}$$

holds for every measurable set A . The k-th iterate of E is given by

$$(2.5) \qquad E^k f(x) = \sum_{a_1=1}^{d} \cdots \sum_{a_k=1}^{d} f(S(x;a_1,\ldots,a_k))h(x;a_1,\ldots,a_k)$$

where $S(x;a_1,\ldots,a_k)$ denotes the composition $S(\ ;a_k)$ followed by $S(\ ;a_{k-1})$ and so on to $S(\ ;a_1)$ evaluated at x and

$$(2.6) \qquad h(x;a_1,\ldots,a_k) = \prod_{j=1}^{k} h(S(x;a_{j+1},\ldots,a_k);a_j) .$$

The term in the product corresponding to $j = k$ is to be taken as $h(x;a_k)$. Clearly the measure μ is invariant under t if and only if $E1 = 1$ by (2.4), that is if and only if $\sum_{a=1}^{d} h(x;a) = 1$.

3. Calculus Lemmas. A map from one open subset of a Euclidean space to another Euclidean space will be said to be of class C^n_- if it is of class C^{n-1} and the $(n-1)$st derivative is Lipschitz. A map from an open subset of a Euclidean space to a Euclidean space of the same dimension will be said to be of class C^n_+ if it is of class C^n and its Jacobian is of class C^n_- . These notions have obvious extensions to maps from a compact manifold to a manifold. If X is a manifold, the space of real valued functions on X of class C^n_- is denoted by $C^n_-(X)$. The concept of a form of highest dimension of class C^n_+ also has an obvious meaning.

Let g_m be a C^n map from an open subset U_m of a Euclidean space E_m to E_{m+1} for $m = 1,2,\ldots$. Suppose that the composition $G_k = g_k \circ \ldots \circ g_1$ is defined on an open subset V_k of E_1 . The n-th derivative $D^n g_m(x)$ of g_m at a point a of U_m is a symmetric n-linear function from the n-fold product of E_m to E_{m+1}. Norms on E_m and E_{m+1} determine a norm $\|D^n g_m(x)\|$ in a natural way. By the chain rule, $D^n G_k$ can be expressed as a sum of terms, each of which is a "composition" of various derivatives of the g_m's $(1 \leqq m \leqq k)$ of order up to n. Moreover the choice of norm described above assures that at a point x of V_k, $\|D^n G_k(x)\|$ is majorized by the corresponding sum of the products of the norms of the appropriate derivatives of the g_m's.

Lemma 3.1. Let g_m and $E_m = R^q$ be as above and suppose that

$$\|Dg_m(x)\| \leqq \rho < 1 \quad \text{and} \quad \|D^r g_m(x)\| \leqq B^r, \quad (r = 2,\ldots,n)$$

hold for all x in U_m, $m = 1,2,\ldots,k$, where B and ρ are constants. Then $\|D^n G_k(x)\| \leqq n!k^n B^n \rho^{k-1}$.

Proof: For $r \leqq n$, $D^r G_k$ is a sum of terms, each of which is a composition of factors of the form

$$D^p g_j(G_{j-1}(x)) \qquad (1 \leqq j \leqq k,\ 1 \leqq p \leqq r). \tag{3.1}$$

Differentiating such a factor produces

$$D^{p+1} g_j(G_{j-1}(x)) \circ Dg_{j-1}(G_{j-2}(x)) \circ \cdots \circ Dg_1(x). \tag{3.2}$$

It follows by induction that every term in $D^r G_k$ has at least $k-1$ factors of the form $Dg_j(G_{j-1}(x))$ for $1 \leqq j \leqq k$. Therefore every term is majorized by $B^n \rho^{k-1}$.

To estimate the number of terms note that (3.1) and (3.2) show that differentiation of a factor in a term produces a term with less than k additional factors. Thus if every term in $D^r G_k$ has at most $N(r)$ factors,

$N(r+1) < N(r) + k$. Since $N(1) = k$, $N(r) \leq rk$.

Finally, note that differentiating a term with p factors produces p terms in the derivative. If there are $M(r)$ terms in $D^r G_k$, then $M(r+1) \leq M(r)N(r)$. Since $N(r) \leq rk$, and $M(1) = 1$, $M(r) \leq r!k^r$. This together with the estimate obtained for each term proves the lemma.

Now suppose that h_m $(m = 1,\ldots,k)$ is a C^n map from an open subset of R^q to R^1 , and let $h(x) = \prod_{m=1}^{k} h_m(x)$.

Lemma 3.2. Under the above assumptions

$$\|D^n h(x)\| \leq \Sigma\, C(n_1,\ldots,n_k) \prod_{m=1}^{k} \|D^{n_m} h_m(x)\| \tag{3.3}$$

where the summation is over all k-tuples $(n_1,\ldots,n_k)$ with $\Sigma_{m=1}^{k} n_m = n$ and $0 \leq n_m \leq k$ and $C(n_1,\ldots,n_k)$ denotes the multinomial coefficient.

Lemma 3.2 is an obvious consequence of the usual rule for differentiating a product:

$$D^n h(x) = \Sigma\, C(n_1,\ldots,n_k) \sum_{m=1}^{k} D^{n_m} h_m(x) \quad .$$

Some extensions of the previous lemmas in which manifolds replace Euclidean spaces will be needed. Suppose that X and Y are manifolds with finite atlases $\{O_i,\varphi_i\}$ and $\{Q_j,\psi_j\}$. Let ξ_i and η_j be partitions of unity subordinate to the covers $\{O_i\}$ and $\{Q_j\}$ respectively. If g is a map from X to Y of class C^n , define $g^{ij} = \psi_j \circ g \circ \varphi_i^{-1}$ in the appropriate domain. g^{ij} is a map between open subsets of Euclidean space, so $\|D^n g^{ij}(y)\|$ is defined for suitable y . Note also that even if g is only of class C^n_- , $\|D^n g^{ij}(y)\|$ can be defined as the lim sup of the Lipschitz constants of $D^{n-1} g^{ij}$ in neighborhoods of y . The slightly technical fact that Lemmas 3.1 of 3.2 remain true if C^n is weakened to C^n_- will be assumed without proof below.

Now define

$$R_s(g,x) = \sum_{i,j} \xi_i(x)\eta_j(g(x))\|D^s g^{ij}(\varphi_i(x))\| , \quad (1 \leqq s \leqq n) \quad \text{and}$$

$$T_n(g,x) = \text{Sup}\{R_s(g,x) : 1 \leqq s \leqq n\} .$$

The functions T and R depend of course on the particular choice of atlases, but for any choice, T_n defines a norm on the n-jets of maps from X to Y at $(x,g(x))$.

Lemma 3.3. Let g_m be a map of class C^n_- from a compact manifold X to itself. Suppose that $\{O_i,\varphi_i\}$ is a finite atlas for X and set $g^{ij}_m = \varphi_j \circ g_m \circ \varphi_i^{-1}$. Suppose that there are constants ρ and B such that

$$(3.3) \qquad \|Dg^{ij}_m(\varphi_i(x))\| \leqq \rho < 1 , \quad m = 1,2,\ldots$$

and

$$(3.4) \qquad \|D^r g^{ij}_m(\varphi_i(x))\| \leqq B^r , \quad m = 1,2,\ldots, 2 \leqq r \leqq n ,$$

hold for all pairs (i,j) such that x is in O_i and $g_m(x)$ is in O_j . Then if $G_k = g_k \circ \ldots \circ g_1$,

$$T_n(G_k;x) = \rho^{k-1}\, \text{Max}\{B^r r! k^r : 1 \leqq r \leqq n\} .$$

The proof of Lemma 3.3 is just a matter of applying Lemma 3.1 (extended to class C^n_-) to the definition of T_n .

The next lemma is derived similarly from Lemma 3.2.

Lemma 3.4. Let $h_1,\ldots,h_k$ be real valued functions of class C^n_- defined on the compact manifold X and let $h(x) = \prod_{m=1}^{k} h_m(x)$. Let $\{O_i,\varphi_i\}$ be a finite atlas for X and set $h_m^i = h_m \circ \varphi_i^{-1}$. Suppose that for every i

(3.5) $$\|(D^s h_m^i)(\varphi_i(x))\| \leqq B_m(s) , \quad 1 \leqq m \leqq k , \quad 0 \leqq s \leqq n .$$

Then $T_n(h,x) \leqq \Sigma\, C(s_1,\ldots,s_k) \prod_{m=1}^{k} B_m(s_m)$, where the summation is over all k-tuples $(s_1,\ldots,s_k)$ such that $\Sigma_{m=1}^{k} s_m \leqq n$ and $0 \leqq s_m \leqq k$.

Finally we observe that the considerations that have led to Lemma 3.3 can be extended slightly as follows:

Lemma 3.5. Assume the hypotheses of Lemma 3.3 and suppose that h is a function of class C_-^n . Let $H_j = h \circ G_j$. Then there is a constant M such that

$$T_n(H_j,x) \leqq MH_j(x)\rho^j \; T_n(h,x) \quad .$$

Similarly, even if h is not positive one has

$$T_n(H_j,x) \leqq M\rho^j \; T_n(h,x) \quad .$$

The proof of Lemma 3.5 is omitted since it does not involve any essentially new ideas.

4. Special Lemmas. All of the notation established in Section 2 will be in force here. The expanding map t will be assumed to be of class $C_+^n (n \geqq 1)$. As above $\{O_i,\varphi_i\}$ denotes a finite atlas on X and S_a^{ij} will denote the locally defined function $S_a^{ij} = \varphi_j \circ S_a \circ \varphi_i^{-1}$, where $S_a(x) = S(x;a)$, $(a = 1,\ldots,d)$. It is easy to see that the condition (2.1) implies that for any ρ , $\lambda < \rho < 1$, there is a finite atlas on X such that

(4.1) $$\|(DS_a^{ij})(\varphi_i(x))\| \leqq \rho$$

holds for x in X .

Now define for $k = 1,2,\ldots,f_k = E^k 1$, that is

$$(4.2) \qquad f_k(x) = \Sigma\, h(x;a_1,\ldots,a_k)$$

where the summation is over all k-tuples $(a_1,\ldots,a_k)$ with $1 \leqq a_m \leqq d$.

Lemma 4.1. There is a constant A independent of x and k such that if $h_k(x) = h(x;a_1,\ldots,a_k)$,

$$(4.3) \qquad T_n(h_k,x) \leqq A\, h_k(x) ,$$

hence

$$(4.4) \qquad T_n(f_k,x) \leqq A\, f_k(x) .$$

Proof: Taking $G_j(x) = S(x;a_{k-j+1},\ldots,a_k)$ and $h = h(\ ;a_{k-j})$ in Lemma 3.5 gives $T_n(H_j,x) \leqq A_0 H_j(x)\rho^j$, where $H_j(x) = h(S(x;a_{k-j+1},\ldots,a_k);a_{k-j})$. Now Lemma 3.4 implies that

$$\begin{aligned} T_n(h_k,x) &\leqq h_k(x)\, \Sigma\, C(n_1,\ldots,n_k)(A_0\rho^{(k+1)/2})^k \\ &\leqq h_k(x)((k+1)A_0\rho^{(k+1)/2})^k \\ &\leqq A\, h_k , \end{aligned}$$

for a suitable constant A . This is (4.3). The inequality (4.4) follows immediately from (4.2) and (4.3).

Lemma 4.2. There is a constant θ independent of x and k such that

$$(4.5) \qquad \theta^{-1} \leqq f_k(x) \leqq \theta .$$

Proof: By (2.4), $\int_X f_k(x)\mu(dx) = 1$, hence there is an x_k such that $f_k(x_k) = 1$. Moreover, if $L_k(x) = \mathrm{Log}(f_k(x))$, (4.4) with $n = 1$ implies that

$T_1(L_k,x) \leqq A$, that is $L_k(x)$ is Lipschitz uniformly in x and k . Since $L_k(x_k) = 0$, this shows that $L_k(x)$ is uniformly bounded in x and k .

Lemma 4.3. Let f be in $C_-^n(X)$. Then

(4.6) $$T_n(E^k f,x) \leqq C(\rho^k T_n(f,x) + \beta)$$

where C is a constant independent of x and f , and $\beta = \mathrm{Max}\{|f(x)|: x \in X\}$.

Proof: In this proof C will be used to denote various constants that are independent of h and x . Let $a = (a_1,\ldots,a_k)$ so that $E^k f(x) = \Sigma_a f(S(x;a))h(x;a)$, and let $g_a(x) = f(S(x;a))h(x;a)$. Taking $h_1(x) = f(S(x;a))$ and $h_2(x) = h(x;a)$ in Lemma 3.4, one gets $T_n(g_a,x) \leqq \Sigma\, C(s_1,s_2)B_1(s_1)B_2(s_2)$. Note that $B_1(0) \leqq \beta$ and $B_1(s_1) \leqq CT_n(h_1,x) \leqq CT_n(f,x)\rho^k$ for $1 \leqq s_1 \leqq n$ by Lemma 3.5. Moreover for $0 \leqq s_2 \leqq n$, $B_2(s_2) \leqq Ch(x;a)$ by (4.3). Thus $T_n(g_a,x) \leqq C\{\beta h(x;a) + \rho^k T_n(f,x)h(x;a)\}$. Summing over $a = (a_1,\ldots,a_k)$ gives $T_n(E^k f,x) \leqq C\{\beta f_k(x) + \rho^k T_n(f,x)f_k(x)\}$. Now (4.5) gives the conclusion of the lemma.

5. The Existence of Invariant Measures. One of our main results is the following existence theorem.

Theorem 5.1. Let X be a compact manifold and t an expanding map of X of class C_+^n $(n \geqq 1)$. Let μ be any probability measure defined by a volume element of class C_+^{n-1} . Then there is a volume element of class C_+^{n-1} that defines a t-invariant measure ν satisfying

(5.1) $$\theta^{-1}\mu(A) \leqq \nu(A) \leqq \theta\mu(A)$$

for every measurable set A , where θ is a positive constant.

Remark: Later in Section 7 it will be indicated that ν is the unique normalized invariant measure corresponding to a volume element of class C_+^0. In fact, Corollary 7.2 asserts slightly more.

Proof: Let C denote the closure of the convex hull of the elements $\{f_k: k = 1,2,\ldots\}$ of the Banach space $C_-^n(X)$ that were defined in (4.2). The relation (4.6) implies that

$$\text{(5.2)} \qquad \theta^{-1} \leq f(x) \leq \theta$$

for every f in C.

Let $\eta = \text{Max}\{|f_1(x)|: x \in X\}$, and for any f in $C_-^n(X)$ define $\beta = \beta(f) = \text{Max}\{|f(x)|: x \in X\}$. Obviously E is a positive linear operator and for any constant b, (viewed as an element of $C_-^n(X)$), $|Eb(x)| \leq \eta|b|$. It follows that

$$0 \leq E(f+\beta)(x) \leq Ef(x) + \eta\beta \quad \text{and}$$

$$0 \leq E(\beta-f) \leq \eta\beta - Ef(x), \quad \text{that is}$$

$$\text{(5.3)} \qquad \beta(Ef) \leq \eta\beta(f).$$

But (4.6) (with $k = 1$) and (5.3) show that the linear operator E is continuous on $C_-^n(X)$. Also (4.6) (with general k) shows that the elements of C and their derivatives up to order $(n-1)$ are equicontinuous. Ascoli's theorem therefore implies that C is compact.

Since $E(C) \subset C$, the Schauder Fixed Point Theorem shows that there is an f in C such that

$$\text{(5.4)} \qquad Ef = f.$$

Then $\nu(A) = \int_A f(x)\mu(dx)$ defines a measure ν on X that clearly satisfies (5.1). The proof is completed by observing that (2.4) and (5.4) imply that ν is t-invariant.

6. Convergence to Invariant Measures. This section is devoted to the analogue of Theorem 4.1 of [5]. (See [5] for references to related theorems by other authors.) Much of our proof follows the same lines as the proof given in [5], hence the proof will be slightly sketchy.

Theorem 6.1. Assume the hypotheses of Theorem 5.1 and suppose in addition that $\mu = \nu$ is t-invariant. Let f be in $C^n_-(X)$ and define

$$\alpha_k = \mathrm{Sup}\{T_n(E^k f, x): x \in X\} \quad \text{and}$$
$$\beta_k = \mathrm{Sup}\{|E^k f(x) - \int_X f(y)\mu(dy)|: x \in X\} .$$

Then there is a constant ω and a positive definite quadratic form Q such that

$$Q(\alpha_k, \beta_k) \leq CQ(\alpha_0, \beta_0)\omega^k ,$$

where C, ω, and Q do not depend on f.

Proof: In the present notation, Lemma 4.3 asserts that

$$\alpha_k \leq C(\rho^k \alpha_0 + \beta_0) . \tag{6.1}$$

This is the analogue of Lemma 4.1 of [5]. Now it will be shown by a slight modification of the proof of Lemma 4.2 of [5] that

$$\beta_k \leq (\mathrm{dia}\ X)\rho^k \alpha_0 + \Delta\beta_0 , \tag{6.2}$$

where $\Delta = 1 - \inf\{h(x;a)/h(y;a): x,y \in X$ and $a = (a_1,\ldots,a_j)$ for $j = 1,2,\ldots\}$. Note that $0 \leq \Delta < 1$ by the case $n = 1$ of (4.3).

To prove (6.2), first observe that there is no loss of generality in assuming that $\int_X f(y)\mu(dy) = 0$, hence the mean value theorem implies that there is a w in X such that

$$(6.3) \qquad E^k f(w) = 0 .$$

The invariance of μ implies (cf. Section 2) that

$$(6.4) \qquad \sum_a h(x;a) = 1 ,$$

(here as below $a = (a_1, \ldots, a_k)$. The definition of Δ shows that for any x in X

$$(6.5) \qquad (1-\Delta)h(x;a) \leqq h(w;a) .$$

Since $f(S(x;a)) - \beta_0 \leqq 0$, (6.4) and (6.5) show that

$$E^k f(x) - \beta_0 \leqq \sum_a h(x;a)\{f(S(x;a)) - \beta_0\} \leqq (1-\Delta) \sum_a h(w;a)\{f(S(x;a)) - \beta_0\} .$$

Moreover, (6.3) and (6.4) show that

$$(1-\Delta)\beta_0 = -(1-\Delta) \sum_a \{f(S(w;a)) - \beta_0\}h(w;a) .$$

Adding the last two displayed lines and using the obvious estimate

$$|f(S(w;a)) - f(S(x;a))| \leqq \alpha_0 \rho^k \text{ dia } X$$

and (6.4) gives

$$E^k f(x) \leqq (\text{dia } X)\rho^k \alpha_0 + \Delta\beta_0 .$$

Replacing f by $-f$ leads to

$$|E^k f(x)| \leqq (\text{dia } X)\rho^k \alpha_0 + \Delta\beta_0$$

which is (6.2).

The remaining part of the proof follows from (6.1) and (6.2) exactly as in the proof of Theorem 4.1 of [5].

7. Consequences of Theorem 6.1. A number of important corollaries follow from Theorem 6.1. The proofs use standard techniques as in the corresponding results in Section 5 of [5].

Corollary 7.1. *If in Theorem 6.1,* f *is in* $L^p(\mu)$ $(p \geq 1)$ *rather than in* $C^n_-(X)$,

$$E^k f \longrightarrow \int_X f(x)\mu(dx) \text{ in } L^p(\mu) \text{ as } k \longrightarrow \infty .$$

Corollary 7.2. *The measure* ν *in Theorem 5.1 is the unique normalized invariant measure absolutely continuous with respect to* μ .

Corollary 7.3. *Under the assumptions of Theorem 6.1, the isometry* V *of* $L^2(\mu)$ *defined by* $Vf(x) = f(t(x))$ *is strongly mixing.*

Another corollary of Theorem 6.1 will be used in [6].

Corollary 7.4. *Assume the hypotheses of Theorem 6.1. Let* g *be in* $C^n_-(X)$ $(n \geq 2)$ *and satisfy*

$$\int_X g(x)\mu(dx) = 0 . \tag{7.1}$$

Then there is a unique f *in* C^n_- *satisfying*

$$\int_X f(x)\mu(dx) = 0 \text{ and } f - Ef = g . \tag{7.2}$$

Proof: It follows immediately from Theorem 6.1 and the case $A = X$ of (2.4) that $f = \sum_{k=0}^{\infty} E^k g$ is a solution. Iterating the second equality in (7.2) gives

$$f = E^{k+1} f + \sum_{j=0}^{k} E^j g .$$

But $E^{k+1}f \longrightarrow 0$ in $C_{-}^{n}(X)$ as $k \longrightarrow \infty$ if f is in $C_{-}^{n}(X)$ by Theorem 6.1, so the solution found is unique.

8. Probabilistic Theorems. As in [5] various theorems of a probabilistic nature can be proved about the map t and its associated invariant measure. We confine ourselves to formulating one of these.

Theorem 8.1. *Let* t *and* μ *satisfy the hypotheses of Theorem 6.1. Let* $g_1, g_2, \ldots$ *be a sequence of functions in* $C_{-}^{n}(X)$ $(n \geqq 1)$. *Suppose that in the notation of Section 3,* $T_n(g_k, x) \leqq M$, $k = 1,2,\ldots$ *and* x *in* X *for some constant* M *independent of* k *and* x. *Then if*

$$\sum_{k=1}^{\infty} \int_X g_k(x)\mu(dx) = \infty \quad (\text{or } < \infty) .$$

Then $\sum_{k=1} g_k(t^k(x))$ *diverges (or converges) almost everywhere.*

The proof is based on the results of [1].

9. On the Theorems of Avez and of Krzyzewski and Szlenk. Avez [2] proved that an expanding map t admits an invariant probability measure that is positive on every non-empty open set. Krzyzewski and Szlenk [4] proved the existence of such a measure with the additional property that its restriction to any coordinate patch has the same zero sets as Lebesgue measure. It might well be supposed that the measures constructed by these authors agree and that Krzyzewski and Szlenk merely made more refined comments on the measure that they constructed.

The purpose of this section is to observe that the above supposition is false and that the Avez and Krzyżewski-Szlenk measures are not only distinct, but have essentially different properties. It will also be clear that both are in a sense naturally associated to the map t. We confine our attention to the case where t is a smooth expanding map of S^1 of degree N. It follows from the theorem of Shub [7] that there is a homeomorphism g of S^1 such that $g(Nx) = t(g(x))$. Then one measure that is naturally associated to t is the image under g of the Lebesgue measure on S^1. It is very easy to verify that this measure is the one constructed by Avez. On the other hand this measure need not be smooth, since as Hirsch has observed, g need not be smooth, (cf. [3, p. 125]). However, Theorem 5.1 and Corollary 7.2 show that the Krzyzewski-Szlenk measure is as smooth as t is. The two measures can therefore fail to agree. The differences between these measures has been used in [6] in connection with some stability questions.

REFERENCES

[1] L. Auslander, J. Brezin, and R. Sacksteder, "On a method in metric Diophantine approximation", to appear in the Journal of Differential Geometry.

[2] A. Avez, "Propriétés ergodiques des endomorphisms dilitants des variétés compactes," Comptus Rondus de L'Academie des Sciences, Paris, Tome 266(1968), pp.610-612.

[3] M.W. Hirsch, "Expanding maps and transformation groups", A.M.S. Proceedings of Symposia in Pure Mathematics, vol. 14(1970), pp.125-131.

[4] K. Krzyzewski and W. Szlenk, "On invariant measures for differentiable mappings", Studia Mathematica, vol. 33(1969), pp.83-92.

[5] R. Sacksteder, "On convergence to invariant measures", to appear.

[6] ____________, "Abelian semi-groups of expanding maps", to appear.

[7] M. Shub, "Endomorphisms of compact differentiable manifolds", The American Journal of Mathematics, vol. 91(1969), pp.747-817.

The City University of New York

Graduate School

1972

VI. CONVEXITE

CONVEXITY AND PSEUDO-CONVEXITY*

J. J. Kohn **

In this lecture I will speak of some invariants of pseudo-convex domains and discuss the relations that exist between these and the corresponding notions for convex domains. Since the properties in which we are interested here are local, we shall limit ourselves to the case of a domain $M \subset \mathbb{C}^n$; all that we will say has an immediate generalization to domains contained in complex manifolds. Let us suppose that the boundary of M (denoted by bM) is smooth; that is, there eixsts a real C^∞ function r defined in a neighborhood of bM such that $dr \neq 0$, $r = 0$ on bM and such that $r \neq 0$ off bM. We fix the sign of r so that $r > 0$ outside of $\overline{M}$ and $r < 0$ in M.

Recall that if M is convex, with respect to the real-linear structure on $\mathbb{C}^n$, then the Hessian of r is non-negative when applied to the vectors that are tangent to bM. In terms of the complex coordinates $z_1,\ldots,z_n$ this condition is expressed as follows. For each $P \in bM$ let $\mathbb{C}T_P(bM)$ denote the complexified tangent space to bM, that is every $L \in \mathbb{C}T_P(bM)$ is a vector of the form:

$$(1) \qquad L = \sum_1^n a_j \frac{\partial}{\partial z_j} + \sum_1^n b_j \frac{\partial}{\partial \bar{z}_j}$$

---

* Lecture given at the III Coloquio Internacional de Geometria Diferencial, October 1972, Santiago de Campostela, Spain.

** The research described here was done while the author was partially supported by an N.S.F. research project at Princeton University.

with

(2) $$L(r) = \sum_1^n a_j r_{z_j}(P) + \sum_1^n b_j r_{\bar{z}_j}(P) = 0$$

where, we have as usual

$$\frac{\partial}{\partial z_j} = \frac{1}{2}\left(\frac{\partial}{\partial x_j} - \sqrt{-1}\,\frac{\partial}{\partial y_j}\right)$$

and

$$\frac{\partial}{\partial \bar{z}_j} = \frac{1}{2}\left(\frac{\partial}{\partial x_j} + \sqrt{-1}\,\frac{\partial}{\partial y_j}\right)$$

with $x_j = \mathrm{Re}(z_j)$, $y_j = \mathrm{Im}(z_j)$.

The space of real tangent vectors to bM at P, denoted by $T_P(bM)$ is naturally identified with a subspace of $\mathbb{C}T_P(bM)$ consisting of those of form (1) satisfying (2) and for which we have $L = \bar{L}$, that is they satisfy

(3) $$a_j = \bar{b}_j \ .$$

For these vectors condition (2) then becomes

(4) $$\mathrm{Re}\left(\sum_1^n a_j r_{z_j}(P)\right) = 0 \ .$$

The non-negative semi-definiteness of the Hessian is then expressed by

(5) $$\sum_1^n a_i \bar{a}_j r_{z_i \bar{z}_j}(P) + \mathrm{Re}\left(\sum_1^n a_i a_j r_{z_i z_j}(P)\right) \geq 0 \ .$$

Conditions (4) and (5) can be interpreted as conditions on tangent vectors of the form

(6) $$L = \sum_{1}^{n} a_j \frac{\partial}{\partial z_j} .$$

Observe that the set of these vectors (i.e. of the form (6)) which satisfy condition (4) is not invariant under holomorphic changes of coordinates. Further, it is easy to verify that the largest subset of these vectors which is invariant is the complex subspace defined by:

(7) $$\sum_{1}^{n} a_j r_{z_j}(P) = 0 .$$

We denote the space of vectors of form (6), which satisfy (7), by $T_P^{1,0}(bM)$. Now if $L \in T_P^{1,0}(bM)$ then (5) implies that

(8) $$\sum_{1}^{n} a_i \bar{a}_j r_{z_i \bar{z}_j}(P) \geq 0 ,$$

since the sign of the second term in (5) is reversed by applying (5) to $\sqrt{-1}\, L$ and the first term remains unchanged.

The condition (8) is independent of the holomorphic coordinates and of the choice of the function r. Let $\Lambda\colon T_P^{1,0}(bM) \longrightarrow \mathbb{R}$ be the Levi form, this defined by

(9) $$\Lambda(L) = \langle \partial\bar{\partial} r, L_{\wedge} \bar{L} \rangle ,$$

where $\langle\ ,\ \rangle$ represents contraction and

$$\bar{L} = \sum \bar{a}_j \frac{\partial}{\partial \bar{z}_j}$$

Thus (8) is just the statement that $\Lambda(L) \geq 0$. We say that M is pseudo-convex if this condition is satisfied for each $L \in T_P^{1,0}(bM)$ and each $P \in bM$ and that M is strongly pseudo-convex if the Levi-form is positive definite. Hence we see that if M is (strongly) convex then it is automatically (strongly) pseudo-convex. A natural question which arises is then the following: given M pseudo-convex and $P \in bM$ does there exist a holomorphic coordinate system in a neighborhood U of P such that $M \cap U$ is convex with respect to the linear structure given by this coordinate system? A weaker question would be: does there exist a holomorphic function h defined on U such that $h(P) = 0$ and $h \neq 0$ on $M \cap U$? The following classical theorems given partial answers to these questions.

Theorem A: If M is strongly pseudo-convex and if $P \in bM$ then there exists a holomorphic coordinate system in a neighborhood U of P such that $M \cap U$ is strongly convex with respect to the linear structure given by this coordinate system.

Theorem B: If $P \in bM$ and if there is a neighborhood V of P such that $\Lambda(L) = 0$ for all $L \in T_Q^{1,0}(bM)$ whenever $Q \in V \cap bM$, then there exists a holomorphic function h on a neighborhood U of P such that $h(P) = 0$ and all the zeroes of h are contained in $U \cap bM$.

These two theorems answer the question in the extreme cases of Λ positive definite and Λ identically zero. We wish to discuss the intermediate case in which M is pseudo-convex and $P \in bM$ is such that Λ is not positive definite at P and is not identically zero in a neighborhood of P. In studying the convexity at $P \in bM$ we ask whether there are any straight line segments through P lying in bM. Analogously, the study of pseudo-convexity, it is natural to ask whether there are any analytic curves containing P and contained in bM. Suppose that S is such a curve, then there is a non-vanishing vector field L defined in a neighborhood U of P such that $L_Q \in T_Q^{1,0}(bM)$ for all $Q \in U$ and L_Q is tangent to S for all $Q \in S \cap U$. That is, if $h_1,\ldots,h_{n-1}$ are holomorphic functions on U such that $h_j(Q) = 0$, $j = 1,\ldots,n-1$ if and only if $Q \in S \cap U$, then $L_Q(h_j) = 0$ for $Q \in S \cap U$. Since S has complex dimension then L_Q and $\overline{L}_Q$ are bases of $\mathbb{C}T_Q(S)$ for all $Q \in U \cap S$. In particular, since $[L,\overline{L}]_Q \in \mathbb{C}T_Q(S)$ we have $[L,\overline{L}]_Q = a(Q)L_Q + b(Q)\overline{L}_Q$ for $Q \in U \cap S$. Setting $T^{0,1}(bM) = \overline{T^{1,0}(bM)}$ and $W(bM) = T^{1,0}(bM) + T^{0,1}(bM)$, we observe that $W(bM)$ has co-dimension one in $\mathbb{C}T(bM)$. Therefore, if S is an analytic curve through P such that there exists a neighborhood U of P with $U \cap S \subset bM$ then there exists an analytic vector field L on U such that $[L,\overline{L}]_P \in W_P(bM)$. Now, it follows from E. Cartan's classical formula for the exterior derivative that

$$\Lambda(L) = \langle [L,\overline{L}],\partial r\rangle \ . \tag{10}$$

It is easy to see that if $A \in \mathbb{C}T_P(bM)$ then the necessary and sufficient condition for $A \in W_P(bM)$ is

$$\langle A,(\partial r)_P\rangle = 0 \ . \tag{11}$$

Thus the tangent vectors to analytic varieties contained in bM are zeroes of the Levi form. This motivates the following definition.

If L is a vector field in a neighborhood U of $P \in bM$ and if $L_Q \in T_Q^{1,0}(bM)$ for $Q \in U \cap bM$, we set $\mathcal{L}(L)$ to be the space of vector field generated by L and $\bar{L}$ under the operations of commutation and linear combinations. If we set $\mathcal{L}^0(L)$ to be the space of all linear combinations of L and $\bar{L}$ and if we define

$$\mathcal{L}^m(L) = \mathcal{L}^{m-1}(L) + [\mathcal{L}^{m-1}(L), \mathcal{L}^0(L)] \tag{12}$$

for $m \geq 1$, then we have

$$\mathcal{L}(L) = \cup \mathcal{L}^m(L) . \tag{13}$$

We say that L <u>is of finite order at P</u> if

$$\mathcal{L}_P(L) \not\subset W_P(bM) \tag{14}$$

the <u>order of L at P</u> is then the least m such that

$$\mathcal{L}_P{}^m(L) \not\subset W_P(bM) . \tag{15}$$

The extreme cases of strong pseudo-convexity and Levi form identically zero are then characterized as follows. If M is pseudo-convex and $P \in bM$ then the Levi form is positive definite at P if and only if every vector field defined in a neighborhood of P as above and which does not vanish at P has order equal to one at P. On the other hand the Levi form vanishes identically in $U \cap bM$ where U is a neighborhood of P if and only if every vector field L as above has infinite order at each $Q \in U \cap bM$.

All indications are that pseudo-convex domains in which all non-zero vector fields are of finite order have qualtitatively the same intrinsic properties as strongly pseudo-convex domains. In case $n = 2$ this is shown in [1], the program for the general case is outlined in [2]. However, the "extrinsic" properties of such domains are not the same as is seen from the following result, due to L. Nirenberg and the author (see [3]).

Theorem: In $\mathbb{C}^2$, with coordinates (z,w) let r be the function defined by:

$$r = \mathrm{Re}(w) + |z|^8 + \frac{15}{7}|z|^2 \mathrm{Re}(z^6) + |z|^2|w|^2 . \tag{16}$$

Let $M = \{(z,w) | r(z,w) < 0\}$. Then in a neighborhood U of $(0,0)$ the Levi form on bM is strongly pseudo-convex at all points except at $(0,0)$ and at $(0,0)$ it is of order 7 (for $n = 2$ we have $\dim T_P^{1,0}(bM) = 1$ and each non-vanishing vector field has the same order). Furthermore if h is a holomorphic function defined in a neighborhood V of $(0,0)$ with $h(0,0) = 0$ then there exist points $(z_i,w_i) \in U \cap V$, $i = 1,2$ such that $h(z_i,w_i) = 0$, $r(z_1,w_1) > 0$ and $r(z_2,w_2) < 0$.

In particular this example shows that there are no holomorphic coordinates in a neighborhood of $(0,0)$ relative to which the domain is convex. It is an open question whether there exist C^∞ coordinates relative to which the domain is convex which are holomorphic inside the domain.

References

[1] Kohn, J. J., "Boundary behaviour of $\bar{\partial}$ on weakly pseudo-convex manifolds of dimension two," J. Diff. Geom. 6 (1972), 523-542.

[2] __________, "Boundary regularity of solutions of the inhomogeneous Cauchy-Riemann equations," Sem. Goulaouic-Schwartz 1972-1973 (Exposé No. XXIV).

[3] __________ and Nirenberg, L., "A pseudo-convex domain not admitting a holomorphic support function, Math. Annalen 201 (1973), pp. 265-268.

VII. NOEUDS

SUR LE MODULE DERIVE D'UN HOMOMORPHISME

José L. Viviente

Resumé: *Depuis la théorie des schémas, compte tenu de l' interprétation homologique-géométrique des groupes de chomologie étale de Spec* $(\mathbb{Z})$, *Spec* $(\mathbb{Z}/p\,\mathbb{Z})$ *et Spec* $(\mathbb{Z}\,[t,\, t^{-1}]\,)$ *on fait l'étude des travaux de Crowell relatifs à la structure du module dérivé d'un homomorphisme de groupes. On arrive à preciser ainsi la structure de* $\mathbb{Z}_{(p)}$*-module de la valeur du foncteur* H_1 *sur l'espace de revêtement X de l'espace* $X = S^3 - N$, *pour N noeud de dimension un. On obtient de cette façon une caractérisation plus intime des résultats classiques de la théorie des noeuds, ainsi que la possibilité d'introduire des caractères arithmétiques plus fins. Il reste ouvert la caractérisation analogue dans le cas d'un "link".*

INTRODUCTION

Il est bien connu que la théorie des noeuds a pour but de donner une caractérisation de ce qu'on appelle le "type d'un noeud". Le procéssus habituel tâche de caractériser le problème topologique à l'aide des invariants algébriques, desquels le plus fin peut-être, est celui qu'on obtient par la connaissance de celui qu'on appelle le groupe fondamental du noeud. Ceci nous mêne tout au début à étudier la théorie de la "présentatión d'un groupe" et en déduire des caracteres du noeud à l'aide des invariants algébriques déterminés pour la presentation de son groupe fondamental, mais malhereusement il n'existe pas de critère général capable de nous permettre de distinguer si deux presentations données définissent des groupes isomorphes ou non. Ceci nous même à introduire des nouveaux invariants comme "lenuméro du link", la théorie des groupes "braid", etc. ainsi que des traitements algébrique-homologiques comme celui de Crowell.

L'intêret de l'étude de Crowell est plus manifeste si l'on remarque qu'elle se trouve à la base de la caractérisation algebrique de la théorie des noeuds. En effet, entre les premières méthodes pour distinguer si deux présentation définissent des groupes noeud isomorphes ou non, se trouve la théorie des idéaux élémentaires et celle la plus faible des polynomes élémentaires. Toutes les deux sont nées quand on cherchait à donner des invariants pour la matrice d'Alexander, ou avec Crowell, la matrice de relation du Z[H]-module dérivé de l'homomorphisme d'abélianisation des groupes

$$\varphi : G \longrightarrow H$$

avec G le groupe-noeud, et Z[H] l'anneau groupe(1).

Crowell en [1] fait l'étude de la structure de ce Z[H]-module pour des groupes G et H quelconques reliés par un homomorphisme φ entre les deux; il obtient une caractérisation du module dérivé que peut s'énoncer comme solution du problème d'application universelle suivante:

---

(1) Avec Z[H] on désigne l'anneau groupe de H, qui dans le cas d'un noeud, prend la forme $Z[H] = Z[t, t^{-1}]$. Dans le cas genéral, la structure de cet anneau est assez compliquée voir i.e. Pasmann: "Infinite groupe Rings", (Marcel Dekker).

"Étant donné un homomorphisme de groupes $\varphi : G \longrightarrow H$, il existe un seul (à Z[H]-homomorphisme près) Z[H]-module à gauche A_φ, et un homomorphisme croisé [1,a], $\partial : G \longrightarrow A_\varphi$ tel que pour tout Z[H]-module à gauche A et un homomorphisme croisé $\partial' : G \longrightarrow A$ il existe un seul Z[H]-morphisme $\lambda : A_\varphi \longrightarrow A$ tel que $\lambda\partial = \partial'$.

On appelle le module A_φ : module dérivé de l'homomorphisme de groupes $\varphi : G \longrightarrow H$.

Dans [1, a, c] on donne les caractères suivants:

1.° Étant donné une suite exacte courte de groupes

$$K \xrightarrow{\vartheta} G \xrightarrow{\varphi} H \qquad (1)$$

il existe:

a) une suite exacte courte de Z[H]-modules à gauche,

$$B \xrightarrow{\vartheta_*} A_\varphi \xrightarrow{\varphi_*} I(H)$$

avec $I(H) = \operatorname{Ker} \varepsilon$, où $\varepsilon : Z[H] \longrightarrow Z$ est l'augmentation $\varepsilon(h) = 1$ pour tout $h \in H$, dite la suite de modules d'un link.

b) ou bien, la suite exacte,

$$B \xrightarrow{\vartheta_*} A_\varphi \xrightarrow{\varphi_*} Z[H] \xrightarrow{\varepsilon} Z \qquad (2)$$

2.° La suite (2) est une partie de la suite d'homologie du couple (X;F) constitué par un espace de revêtement X connexe et localement connexe par arcs et de sa fibre, en fait elle est isomorphe terme à terme avec la suite de Z[H]-modules à gauche

$$H_1(X) \longrightarrow H_1(X,F) \longrightarrow H_0(F) \longrightarrow H_0(X) \text{"},$$

ce qui relie son étude avec celle de Milnor de caractère géométrique [7,c].

En particulier, dans les cas d'un noeud poligonel N de dimension un dans S^3, si on appelle $X = S^3 - N$ la variété avec bord complémentaire, on a $G = \pi_1(X)$, $K = [G, G]$ le conmutateur de G, $\varphi : G \longrightarrow H = G/K$ l'homomorphisme d'abélianisation, il en resulte: $H = H_1(X)$. De même B est isomorphe, en tant que groupe, au groupe $K/[K, K]$, bien que, étant donné l'action par conjugaison de H sur $K/[K, K]$ (voir 9, pg. 34), il est aussi isomorphe comme Z[H]-module. Ceci traduit l'action de H sur $\widetilde{X}$, l'espace fibré de revêtement abélien connexe maximal sur X, de telle facon que $X \cong \widetilde{X}/H$, puisque H étant ciclique infini dans le cas d'un noeud, il est aussi le groupe de transformations du revêtement, c'est-à-dire H agit librement sur X et l'on a: $B \cong H_1(X)$ comme Z[H]-module.

D'une autre côté, en face des groupes de cohomologie étale des schémas associés à Spec (Z), Spec $(Z_{(p)})$, Spec (Z/p Z) et Spec $(D_{\nu+1})$ (avec $D_{\nu+1}$ l'anneau de Dedekind $\mathbf{Z}[\xi_{p^{\nu+1}}]$, où $\xi_{p^{\nu+1}}$ est une racine primitive de l'unité d'orde $p^{\nu+1}$), la caractérisation algébrique de Crowell du module dérivé d'un homomorphisme de groupes et sa relation avec les caractères algébrique-homologiques de l'espace fibré de Milnor-Brauner associé à un noeud, nous a conduit à étendre les résultats de Crowell avec une analyse aritmétique plus intime de la suite exacte de Z[H]-modules (2) et en particulier du Z[H]-module B, dans le cas d'un noeud.

L'application des résultats de la théorie des schémas à l'analyse plus intime indiquée a été possible grâce à la correspondence biunivoque qu'il existe entre la notion de faisceau cohérent sur Spec (Λ), avec Λ un anneau noetherian commutatif avec unité, et elle de Λ-module de type fini. Grâce à elle il nous a été permis d'interpréter la notion de premiere classe de Chern et celle du diviseur de Cartier [8, cap. V, § 3] d'après nos besoins. Rappelons que: "étant donné un schema afin $(X, \mathcal{O}_X)$ avec $S = \mathrm{Spec}\,(\Lambda)$, on appelle Diviseur de Cartier D sur X, un élément non nul de $\Gamma(X, \mathcal{O}_X / \mathcal{O}_X^*)$, où $\mathcal{O}_X^*$ est le subfaisceau des unités du faisceau d'anneaux $\mathcal{O}_X$. (1)

Avec plus de précisions l'on peut dire qu'un diviseur de Cartier est donné par une collection d'éléments $D_x \in \mathcal{O}_X / \mathcal{O}_X^*$, (2), tels que pour tout x, il existe un voisinage ouvert U de x et un élément $f \in \Gamma(U, \mathcal{O}_{X,x})$ qu'induit D_x pour tout x de U. On dit que l'élément f est <u>l'équation locale</u> de D en U. On déduit qu'un diviseur de Cartier peut être determiné si l'on se donné ses equations locales $\{f_i\}$ par rapport à un revêtement ouvert $\{U_i\}$ avec "des changements de cartes" f_i/f_j donnés par des unités.

Associé à tout <u>Diviseur de Cartier</u> D, il existe un subfaisceau cohérent $\mathcal{O}_X(D) \leq K_X$, qui est un faisceau inversible de $\mathcal{O}_X$-modules, c'est-à-dire que pour tout $x \in X$ l'on a $[\mathcal{O}_X(D)]_x = f_x^{-1}\, \mathcal{O}_X \subset K_X$ avec f induit par une équation locale f de D. En particulier l'on dit qu'un diviseur de Cartier est effectif si ses équations locales $\{f_i\}$ sont des sections de $\mathcal{O}_X$. Pour les diviseurs de Cartier effectifs: $\mathcal{O}_X(D)$ est un faisceau d'ideaux principaux dont les génerateurs sont des equations locales de D dans chaque $x \in X$.

---

(1) En réalité il est défini pour des preschémas quelconques comme élément non nul de $\Gamma(X, K_X / \mathcal{O}_X^*)$ où K_X est un faisceau de $\mathcal{O}_X$-modules tel que, pour tout ouvert afin U de X, $\Gamma(U, K_X)$ c'est l'anneau de quotients total de $\Gamma(U, \mathcal{O}_X)$.

(2) D_x peut être identifié ainsi a un élément de Λ° (les éléments non nuls de Λ) module le groupe des unités de Λ, $U(\Lambda)$.

Rappellons aussi que la notion de diviseur de Cartier possède un caractère fonctoriel par rapport au changement d'anneau Λ et de même un caractère multiplicatif.

Passons maintemant à établir les notions preálables dans le contexte ou nous allons nous en servir.

Definition: Soit Λ un anneau conmutatif noetherien avec unité, A un Λ-module, nous appellerons Diviseur de Cartier ponctuel de A, le diviseur de Cartier D(A) du faisceau cohérent $\tilde{A}$ associé, sur Spec (Λ).

Ce diviseur de Cartier ponctuel sera noté $\Delta_\Lambda(A)$. Il est clair que $\Delta_\Lambda(A)$ est un élément de $\Lambda^\circ/U(\Lambda)$.

Les conditions d'existence d'un diviseur de Cartier effectif se traduisent évidemment dans les conditions suivantes d'existence pour un diviseur de Cartier ponctuel:

Proposition 1: Soit Λ un anneau conmutatif noetherien avec unité, A un Λ-module, pour que Λ ait un Diviseur de Cartier ponctuel, il est nécessaire qu'il soit

i) A un Λ-module de type fini,

ii) A un Λ-module de torsion,

iii) $A_\mathfrak{p}$ (le localisé de A sur $\mathfrak{p}$) de dimension projective finie sur $\Lambda_\mathfrak{p}$ pour tout ideal premier $\mathfrak{p}$ de Λ.

Dans le cas d'un noeud N, le groupe abelianisé H est cyclique infini, et si nous désignons par K tantôt Z comme $Z_\mathfrak{p}$, l'anneau $\Lambda = K[H]$ est isomorphe à l'anneau des séries de Laurent finies $K[t, t^{-1}]$, anneau qui comme il est bien connu, possède de très bonnes propriétés, comme celles qui dépendent du fait d'être un domaine d'ideaux principaux,

p.e. tout Λ-module Y de type fini possède le sous groupe de torsion Tor(Y) de type fini, etc.

D'un autre côté Spec (Λ) est alors non singulier d'où tous ses anneaux son reguliers et par consequence la

Proposition 1.2: Un Λ-module A satisfaisant les conditions i) et iii) de la prop. 1.1., possede un diviseur de Cartier ponctuel si el seulement si A est un module de torsion.

Il est clair que dans ce cas $(\Lambda = K[t, t^{-1}])$ si un Λ-module A possède un diviseur de Cartier ponctuel celui peut être interprété comme un polynôme:

$$\Delta(t) = \Delta_\Lambda(A) \in \Lambda^\circ/(\mho(\Lambda))$$

polynôme, qui peut être normalisé de telle façon que ses exposants soient tous positifs et qu'il possède un terme constant.

Definition 1.2: Le polynôme $\Delta(t)$ determiné par le diviseur de Cartier ponctuel de un Λ-module A, sera appellé "polynôme caractéristique du Λ-module A".

Nous finirons cette introduction rappellant que "tout Λ-module A peut être consideré comme un K-module muni de l'automorphisme dit fondamental de A, $\sigma : A \longrightarrow A$ qui décrit l'opération de $t \in \Lambda$ sur A", fait que nous utiliserons par la suite.

Étant données les motivations et méthodes de notre travail signalons que nous nous limiterons à présenter le cas de H cyclique infini, c'est-à-dire les cas d'un seul noeud.

2. LE MODULE DÉRIVE D'UN NOEUD

Rappelons brièvemente les premières propriétés géometriques de l'espace fibré associé à un noeud avec la notation donnée par exemple dans [7,c]. Étant donné un noeud polygonal unidimensionnel, N, à l'espace complémentaire dans la sphère tridimensionnelle $X = S^3 - N$ nous pou-vons associer un CW-complexe fini, W, 2-dimensionnel avec une seule 0-cellule. Si $\tilde{X}$ est l'espace fibré de revêtement abélian connexe maximal de X, comme CW-complexe $\tilde{W}$ nous prendrons la CW-complexe sur lequel opère H, espace fibré de revêtement abélien connexe maximal de W. Le couple de CW-complexex W, $\tilde{W}$ définissent un couple de complexes de chaines à coefficients dans $\mathbb{Z}$: C, $\tilde{C}$, et l'action de H sur $\tilde{W}$ induit sur $\tilde{C}$ une structure de complexe de chaînes de $\mathbb{Z}[H]$-modules libres.

<u>Théorème 2.1</u>: *Soit $\pi : \tilde{X} \longrightarrow X$ l'espace fibré de revêtement abélien connexe maximal de l'espace complémentaire $X = S^3 - N$ de un noeud polygonal 1-dimensionnel N. Alors,*

i) $H_1(\tilde{X})$ *est un module de torsion de type fini sur* $\Lambda = \mathbb{Z}[H]$.

ii) *Le* Λ*-module* $H_1(\tilde{X})$ *est de dimension projective 1 et son polynôme caractéristique est le polynôme caractéristique classique, dite d'Alexander, du noeud N.*

<u>*Démonstration*</u>: La point i) sera prouvé si nous montrons que $H_1(\tilde{X}) \otimes_\Lambda Q(t) = 0$, où Q(t) désigne le corps de fractions de $Z[t, t^{-1}] = Z[H] = \Lambda$, et où Q(t) est consideré comme un Λ-module à l'aide de l'inclusion naturel $\Lambda \longrightarrow Q(t)$.

Si nous rappelons le théoreme 5.5.1 pag. 102 de [5] d'après lequel, si les complexes de chaînes $\tilde{C}$ est S sont tels que le premier est plat (en particulier libre) et S quelconque, il existe une suite spectrale dont le terme E^2 est donné par

$$E^2_{pq} = \sum_{i+j=q} \operatorname{Tor}^{\Lambda}_p (H_i(\tilde{C}), H_j(S))$$

et qui tend vers le bigradué associé à une filtration convenable du complexe $\tilde{C} \otimes S$, puisque $\tilde{C}$ est libre si nous prenons S tel que $H_j(S)=Q(t)$ si $j=o$ et $H_j(S)=0$ si $j\neq o$, nous avons

$$E^2_{pq} = \operatorname{Tor}^{\Lambda}_p (H_q(\tilde{C}), Q(t)) = H_{p+q} (\tilde{C}\otimes Q(t))$$

de telle façon que la suite exacte canonique

$$E^2_{2,0} \xrightarrow{d^2} E^2_{0,1} \longrightarrow E^3_{0,1} \longrightarrow \cong \ldots \longrightarrow E^{\infty}_{0,1} \subset H_1(\tilde{C}\otimes Q(t))$$

compte tenu que $E^2_{0,1} = H_1(\tilde{C}) \otimes Q(t)$, nous donne que $H_1(\tilde{C}) \otimes Q(t) \subset H_1(\tilde{C}\otimes Q(t))$, mais $\tilde{C} \otimes Q(t)$ est acyclique [7, pg. 145] d'où la démonstration de i). Mais ceci aura lieu si $E^2_{2,0} = 0$, et effectivement on a

$$E^2_{2,0} = \operatorname{Tor}^{\Lambda}_2 (H(\tilde{C}), Q(t)) \cong \operatorname{Tor}^{\Lambda}_2 (Z, Q(t)) = 0$$

étant donné que Z est de dimension projective 1 sur Λ.

Autre démonstration: La relation $H_1(\tilde{C}) \otimes Q(t) \subset H_1(\tilde{C} \otimes Q(t))$, se déduit aussi du Théorème V.2.5 pg. 176 de [6] pour n=1, de telle façon que, puisque $C \otimes Q(t)$ est acyclique, il reste prouvé que:

$$H_1(\tilde{C}) \otimes Q(t) = 0$$

ii) Voyons maintenant la deuxième partie du Théoreme. Étant donné que W est un CW-complexe fini de dimension 2, si nous désignons ses cellules de dimension q par e^q_j $(j = 1,\ldots, \rho_q)$ et supposons que $\rho_2 = m$, compte tenu que la caractéristique d'Euler-Poincaré de W est zéro et que $\rho_o = 1$

il en résulte que ρ_1 = m+1.

Considerons les cellules

$$e_1^2, \dots, e_m^2;\ e_1^1, \dots, e_{m+1}^1$$

comme des basses pour les Λ-modules C_2 et D_1 respectivement. D'après [7, a] nous povous prendre e_1^1 tel que $\partial e_1^1 = (t-1)\, e^0$. En fonction de ces bases l'homomorphisme bord

$$\tilde{\partial} : \tilde{C}_2 \longrightarrow \tilde{C}_1$$

peut être donné comme une matrice m x(m+1) avec coefficients dans Λ, qui est la matrice d'Alexander de cette présentation:

$$(\alpha_{ij}(t)), \quad \begin{array}{l} i = 1,2,\dots, m \\ j = 1,1,\dots, m, m+1 \end{array}$$

Considérons le diagramme commutatif

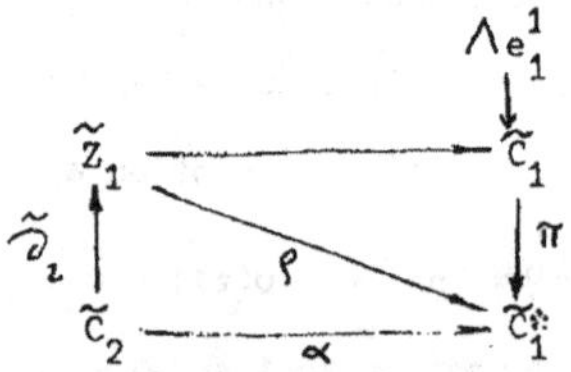

où C_1^* est le Λ-module libre engendré por $e_2^1, \dots, e_{m+1}^1$, π la projection naturelle et Z_1 le submodule des 1-cycles. Voyons que ρ est un isomorphisme:

a) Puisque $\partial_1(e_1^1 \lambda) = \lambda\,(t-1)\, e^0$ est égal à zéro, seulement si λ =0 étant donné que t-1 est une unité de Λ, on déduit que

$$\tilde{Z}_1 \cap \{\Lambda\, e_1^1\} = 0$$

et par consequence ρ injective.

b) Considérons la chaîne

$$C^* = \sum_{i=2}^{m+1} \lambda_i\, e_i^1 \in \tilde{C}_1^*,$$

puisque $\tilde{\partial}(C^*) \in (t-1)\tilde{C}_o$ on a: $\tilde{\partial}(C^*) = (t-1)\,e^o$ pour certain $\lambda \in \Lambda$.

Prenons alors $C = C^* - \lambda e_1^1 \in \tilde{C}_1$ il est dair que $\tilde{\partial}_1(C) = 0$ d'où $C \in \tilde{Z}_1$, donc $\rho(C) = C^*$ ce qui montre que ρ est surjective.

Mais alors la suite exacte

$$\tilde{C}_2 \longrightarrow \tilde{C}_1^* \longrightarrow H_1(\tilde{X})$$

est une -resolution libre de $H_1(\tilde{X})$ ce qui montre la deuxième partie de l'énoncé car ceci nous dit qu'il est de dimension projective égale à 1, ainsi que le polynôme caractéristique $\Delta(t)$ est le déterminant de la matrice de relation $(\alpha_{ij}(t))$ où $i=1,\ldots, m$ et $j = 2,\ldots, m+1$.

Nous rappelant des notions arithmétiques associés aux polynômes symétriques, compte tenu que $\Delta(t)$ en est un, $\Delta(t) = t^{2a}\Delta(t^{-1})$, le Théorème 2.1 justifie l'introduction des définitions suivantes:

<u>*Definition 2.2:*</u> *Nous appellerons NORME d'un noeud polygonal, N, le terme constant de son polynôme d'Alexander $\Delta(t)$, Norm $(N) = \Delta(0)$.*

Un noeud est dit "monique" si sa norme est égale à 1 et on l'appelle <u>ciclotomique</u> si tous les zéros de son polynôme d'Alexander son de module 1.

<u>*Théorème 2.3:*</u> *Soit N un noeud et P un nombre premier non diviseur de Norm (N), alors:*

i) $H_1(\tilde{X}) \otimes Z_{(p)}$ est un $Z_{(p)}$-module libre de rang égal au degré $n=2a$ du polynome caractéristique du Λ-module $H_1(\tilde{X})$.

ii) Le polynome caractéristique du Λ-module $H_1(\tilde{X})$ est le polynome caracteristique de l'automorphisme fondamental de $H_1(\tilde{X}) \otimes Z_{(p)}$.

Démonstration:

i) Voyons premièrement, a) $H_1(\tilde{X})\otimes Z_{(p)}$ est un $Z_{(p)}$-module de rang fini égal au degré n du polynôme caractéristique du Λ-module $H_1(\tilde{X})$. Puisque l'inclusion $Z \longrightarrow Z_{(p)}$ est plate, il est de même pour $Z[H] \xrightarrow{i} Z_{(p)}[H]$, ce qui permet de considérer $H_1(\tilde{X})\otimes K$ comme un $Z_{(p)}$-module et d'appliquer le caractère fonctoriel de la notion de diviseur de Cartier [8, pag. 107], et de déduire que:

$$i(\Delta(t)) = i^* \Delta_\Lambda(H_1(\tilde{X})\otimes\Lambda) = \Delta_K (H_1(X)\otimes K)$$

d'où $i\,\Delta(0)$ soit une unité de K si l'on a tenu compte de l'hypothèse sur p. cela nous prouve que $H_1(\tilde{X})\otimes K$ est un Λ-module monique.

Supposons maintenant que $A=H_1(\tilde{X})\otimes K$ est monogène, donc de la forme $A=\Lambda/\mathfrak{a}$ voyons qu'alors A est un $Z_{(p)}$-module de type fini. En effet: étant donné que $\mathfrak{a} \subset (\Delta(t))$, la suite

$$(\Delta(t))/\mathfrak{a} \longrightarrow \Lambda/\mathfrak{a} \longrightarrow \Lambda/(\Delta(t))$$

est exacte.

Par hypothèse, A est monique et monogène sur Λ, donc aussi $(\Delta(t))/\mathfrak{a}$ et $\Lambda/(\Delta(t))$ sont des Λ-modules de torsion de type fini. Ceci nous permet d'assurer (Prop. 1.2 pag. 7) que les trois possèdent un diviseur de Cartier ponctuel et, étant donné le caractère multiplicatif de celui-ci l'on a:

$$\Delta(A) = \Delta\big((\Delta(t))/\mathfrak{a}\big)\cdot\Delta\big(\Lambda/(\Delta(t))\big).$$

Mais trivialement $\Delta\big(\Lambda/(\Delta(t))\big) = \Delta(t)$ d'où $\Delta\big((\Delta(t))/\mathfrak{a}\big) = 1$, donc $(\Delta(t))/$ est de type sur K. De même comme on peut vérifier facilment, $\Lambda/(\Delta(t))$ est un K-module de type fini de rang n=grad $\Delta(t)$.

Pour $A=H_1(\tilde{X})\otimes Z_{(p)}$ non monogène, le point a) resulte maintenant par récurrence. Supposons vraie l'hypothèse pour un A_o avec r-1 générateurs sur Λ, on considère la suite exacte,

$$A_o \longrightarrow A \longrightarrow A/A_o$$

Comme les trois Λ-modules possèdent un diviseur de Cartier ponctuel, le caractère multiplicatif de celui-ci nous montre qu'ils sont tous les trois moniques: Donc A/A_o est de type fini sur K, par consequence: A par l'hypothèse de récurrence.

b) $A = H_1(\tilde{X})\otimes Z_{(p)}$ est un $Z_{(p)}$-module libre.

Soit σ l'automorphisme induit sur les sousmodule de torsion A par l'automorphisme fondamental σ de A. Par a) il est clair que Tor (A) est fini d'où son groupe d'automorphismes soit d'ordre ν fini.

Considérons l'anneau quotient $\Lambda_\nu = \Lambda/(1-t^\nu)$. De la suite exacte $\Lambda \xrightarrow{1-t^\nu} \Lambda \longrightarrow \Lambda_\nu$ résulte la suite exacte:

$$Tor_1^\Lambda(\Lambda_\nu, A) \longrightarrow A \xrightarrow{1-\sigma^\nu} A \longrightarrow A\otimes\Lambda$$

et puisque Ker $(1-\sigma^\nu) = A^{H\nu}$, nous déduisons que

$$Tor_1^\Lambda(\Lambda_\nu, A) \cong A^{H\nu}$$

Étant donné que A est de dimension projective 1, A admet des résolutions libres de la forme $L_1 \longrightarrow L_o \longrightarrow A$ d'où l'injection $Tor_1^\Lambda(\Lambda_\nu, A) \longrightarrow L_1$ ce qui nous permet d'affirmer que $Tor_1^\Lambda(\Lambda_\nu, A)$ est libre de torsion sur K (car $L_1\otimes\Lambda_\nu$, l'est aussi), c'est-à-dire <u>"$A^{H\nu}$ est libre de torsion sur K"</u>.

Finalment, puisque ν est l'ordre du groupe des automorphismes de Tor (A) on déduit que $\sigma^\nu = 1_{Tor(A)}$, d'où Tor $(A) \subset A^{H\nu}$ et par conséquent Tor (A) = 0 car, comme nous avons vu $A^{(\mu)}$ est libre de torsion sur K. Ceci nous montre que A es un K-module libre.

ii) Le polynôme caractéristique du Λ-module $H_1(\tilde{X})$ est le polynôme caractéristique de l'automorphisme fondamental de $H_1(\tilde{X})\otimes Z_{(p)}=A$.

Il résulte trivialement par considération de la résolution libre de A de type fini sur K:

$$A \otimes_K \Lambda \xrightarrow{\ \delta\ } A \otimes_K \Lambda \xrightarrow{\ \gamma\ } A$$

avec $\delta(a\otimes t^m) = \sigma^m(a)$, et $\gamma(a\otimes t^m) = a\otimes t^{m+1} - \sigma(a)\otimes t^m$.

Ker γ est clairement le sous-Λ-module engendré par les éléments de la forme $a\otimes t - \sigma(a)\otimes 1$, de telle façon que le polynôme caractéristique $\Delta(t)$ de $H_1(\tilde{X})$ est le déterminant de la matrice associée à l'automorphisme fondamental σ, et en vertu du Théoreme 2.1, Q.E.D.

__*Corollaire:*__ *Si un noeud est monique, $H_1(\tilde{X})$ est abélien libre de rang égal au degré $n=2a$ du polynome d'Alexander et l'automorphisme fondamental est donné par une matrice de groupe $SL(n, Z)$ (a equivalence entiere pres), dont le polynome caractéristique est le polynome d'Alexander.*

3. *CAS D'UN REVETEMENT AVEC SINGULARITES*

L'idée de revêtement avec singularités fut précisée pour la premiere fois dans le travail de Fox [4.b]. Plus tard le même Fox [4,a] applique à son étude les thecniques de calcul différentiel libre, pour dans [4,c] présenter l'étude de certains caracteres homologiques.

Dans l'étude qui suit, nous nous bornerons à considérer uniquement le cas d'un noeud. Il est bien connu que pour G le groupe fondamental d'un espace, et H son abelianisé, il existe une correspondance biunivoque surjective entre l'ensemble des espaces de revêtement cycliques d'ordre η non ramifiés et les classes conjuguées de sousgroupes de G d'index η, ou bien avec les sousgroupes de G dans le cas ou le point base de l'homotopie est fixé. De façon précise si, dans le cas d'un noeud, nous désignons avec

$$H_\eta = \{ t^{\lambda\eta} \in H \mid \lambda \in \mathbb{Z}, \text{ alors } \varphi^{-1}(H_\eta)$$

est un sousgroupe de G, dont l'espace fibré associé $(\tilde{X}_\eta, X)$ est connu comme l'espace fibré de revêtement cyclique d'ordre η de l'espce X. Fox determine comment cet espace peut être "complété" dans le sens qu'il établit pour obtenir un "espace de revêtement avec des singularités Σ_η" sur la sphere 3-dimensionnelle S^3 ramifié exactement sur le noeud N. On appelle ce fibré: espace de revêtement cyclique ramifié de N de degré η. Il est évident qu'on dispose d'un plongement continu

$$c_\eta : \tilde{X}_\eta \longrightarrow \Sigma_\eta$$

qu'on appelle la complétion.

De façon analogue pour tout multiple $\mu\eta$ de η nous considérons l'espace fibré:

$$\pi_{\mu\eta} : \Sigma_{\mu\eta} \longrightarrow X$$

tandis que avec $\varphi_{\mu\eta} : \tilde{X}_{\mu\eta} \longrightarrow \tilde{X}_{\eta}$ nous désignons l'application continue qui rend conmutatifs les diagrammes:

$$\begin{array}{ccc} \tilde{X}_{\mu\eta} & \xrightarrow{\varphi_{\mu\eta}} & \tilde{X}_{\eta} \\ & {\scriptstyle \pi_{\mu\eta}} \searrow \quad \swarrow {\scriptstyle \pi_{\eta}} & \\ & X & \end{array} \qquad \begin{array}{ccc} \Sigma_{\mu\eta} & \xrightarrow{\varphi_{\mu\eta}} & \Sigma_{\eta} \\ & {\scriptstyle \pi_{\mu\eta}} \searrow \quad \swarrow {\scriptstyle \pi_{\eta}} & \\ & X & \end{array}$$

Comme il a été dit dans le § 2, si W est le CW-complexe fini de dimension 2 determiné par X, nous désignerons par W_{η} et $W_{\mu\eta}$ les correspondants CW-complexes déterminés por $\tilde{X}_{\eta}$ et $X_{\mu\eta}$ à l'aide du relèvement de la structure de CW-complexes de W. A tous ces CW-complexes sont associés à leur tour des complexes de chaînes libres C_{η} et $C_{\mu\eta}$ sur les anneaux $\Lambda_{\eta} = \Lambda/(1-t^{\eta})$ et $\Lambda_{\mu\eta} = \Lambda/(1-t^{\mu\eta})$ respectivement. Désignons par $\lambda_{\mu\eta} : \Lambda_{\mu\eta} \longrightarrow \Lambda_{\eta}$ l'homomorphisme canonique. Il est évident que:

$$C_{\eta} = \tilde{C} \otimes \Lambda_{\eta} \qquad \text{et} \qquad C_{\mu\eta} = \tilde{C} \otimes \Lambda_{\mu\eta}$$

Théoreme 3.1: Les applications naturelles

$$p_{\eta} : \tilde{X} \longrightarrow \Sigma_{\eta} \quad \text{et} \quad \varphi_{\mu\eta} : \Sigma_{\mu\eta} \longrightarrow \Sigma_{\eta}$$

induisent, respectivement

l'isomorphisme $\quad H_1(\tilde{X}) \otimes \Lambda_{\eta} \xrightarrow{\sim} H_1(\Sigma_{\eta})$,

et l'épimorphisme $\quad H_1(\Sigma_{\mu\eta}) \longrightarrow H_1(\Sigma_{\eta})$.

Demonstration: Voyons que $H_1(\tilde{X}) \otimes \Lambda_{\eta} \xrightarrow{\sim} H_1(\Sigma_{\eta})$.

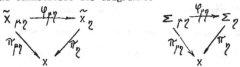

En effet, étant donné un lacet générique $\alpha_\eta : S^1 \longrightarrow \tilde{X}_\eta$ (que l'on appelle "transversal à N" car il représente un élément de $\varphi^{-1}(H_\eta)$, c'est-à-dire, un élément dont le "linking number" avec N est divisible par η) la suite de Mayer-Vietoris nous montre que cette suite

$$H_1(S^1) \xrightarrow{\alpha_{\eta *}} H_1(\tilde{X}_\eta) \xrightarrow{c_{\eta *}} H_1(\Sigma_\eta)$$

est exacte, ou bien

$$H_1(S^1) \xrightarrow{\alpha_{\eta *}} H_1(\tilde{C} \otimes \Lambda_\eta) \xrightarrow{c_{\eta *}} H_1(\Sigma_\eta)$$

Mais, étant donné que $\tilde{C}$ est libre, le Théoreme V.2.5. pag. 176 de [6] nous prouve que la suite

$$H_1(\tilde{C}) \otimes \Lambda_\eta \xrightarrow{\ \varsigma\ } H_1(\tilde{C} \otimes \Lambda_\eta) \xrightarrow{\ \tau\ } \mathrm{Tor}_1^\Lambda (H_o(\tilde{C}), \Lambda_\eta)$$

est aussi exacte, où $\mathrm{Tor}_1^\Lambda (H_o(\tilde{C}), \Lambda_\eta)$ est le sous-groupe cyclique infini de $H(\tilde{C}) \otimes \Lambda$ engendré par $e^o \otimes \left(\sum_{j=i}^{\eta - i} t^j \right)$, avec e^o la classe d'homologie fondamentale de $\tilde{C}_o$ (comme il peut être prouvé par construction de $\mathrm{Tor}_1^\Lambda (H_o(\tilde{C}), \Lambda_\eta)$ de la resolution $\Lambda \xrightarrow{1-t^\eta} \Lambda \longrightarrow \Lambda_\eta$)

Il est facile de voir que $c_{\eta *} \circ \varsigma$ est un isomorphisme si $\tau \circ \alpha_{\eta *}$ en est un. Mais, étant donné que, tantot $H_1(S^1)$ comme $\mathrm{Tor}_1^\Lambda(H_o(\tilde{C}), \Lambda_\eta)$ sont cycliques infinis, il suffira de montrer qu'un génerateur de $H_1(S^1)$, est envoyé par $\tau \circ \alpha_{\eta *}$ sur un générateur de $\mathrm{Tor}_1^\Lambda (H_o(\tilde{C}), \Lambda_\eta)$.

Soit e_1^1 un générateur de $H_1(S^1)$ alors

$$\alpha_{\eta *}(e_1^1) = \sum_{j=0}^{\eta -1} t^j e_j^1 \in \tilde{C} \otimes \Lambda_\eta$$

et supposons que sa classe d'homologie soit h, $h \in H_1(\tilde{C} \otimes \Lambda_\eta)$, alors $\tau(h)$ peut s'obtenir par relêvement sur le diagrame conmutatif naturel ci-dessous partant d'un cycle $c \in \tilde{C} \otimes \Lambda_\eta$ représentant de h,

$$\begin{array}{ccccc}
 & & & & \mathrm{Tor}_1^{\Lambda}(H_o(\tilde{C}), \Lambda_\eta) \\
 & & & & \downarrow \\
\tilde{C}_1 \otimes \Lambda & \longrightarrow & \tilde{C}_o \otimes \Lambda & \longrightarrow & H_o(\tilde{C}) \otimes \Lambda \\
\downarrow & & \downarrow & & \downarrow \; 1 \otimes (1-t^{\eta}) \\
\tilde{C}_1 \otimes \Lambda & \xrightarrow{\partial} & \tilde{C}_o \otimes \Lambda & \longrightarrow & H_o(C) \otimes \Lambda \\
\downarrow & & \downarrow & & \downarrow \\
\tilde{C}_1 \otimes \Lambda_\eta & \longrightarrow & \tilde{C}_o \otimes \Lambda_\eta & \longrightarrow & H_o(C) \otimes \Lambda_\eta
\end{array}$$

de telle façon que, si $\bar{c} \in \tilde{C}_1 \otimes \Lambda$ est appliqué sur c, conformément à la démonstration du point ii) du Théoreme 2.1 (pg.) si nous premons $c = \sum_{j=0}^{\eta-1} t^j e_j^1$ nous devrons prendre $\bar{c} = \sum_{j=0}^{\eta-1} t^j e_j^1 \in \tilde{C}_1 \otimes \Lambda$ donc $\partial \bar{c} = (t-1)\left(\sum_{j=0}^{\eta-1} t^j\right) e^o \in \tilde{C}_o \otimes \Lambda$, et par conséquence la classe d'homologie de $\left[\frac{1}{1-t}\right] \partial \bar{c} \in H_o(\tilde{C}) \otimes \Lambda$ sera de la forma $\left[\frac{1}{1-t} \partial \bar{c}\right] = \left(\sum_{j=0}^{\eta-1} t^j\right)[e^o]$, c'est-à-dire un élement de sousgroupe $\mathrm{Tor}_1^{\Lambda}(H_o(\tilde{C}), \Lambda_\eta)$ comme nous voulions le prouver.

Voyons maintemant que

$$\varphi_{\mu\eta *} : H_1(\Sigma_{\mu\eta}) \longrightarrow\!\!\!\!\to H_1(\Sigma_\eta),$$

c'est-à-dire que $\varphi_{\mu\eta *}$ est un epimorphisme.

L'epimorphisme canonique $\lambda_{\mu\eta} : \Lambda_{\mu\eta} \longrightarrow \Lambda_\eta$ nous determine un épimorphisme

$$1 \otimes \lambda_{\mu\eta} : H_1(\tilde{X}) \otimes \Lambda_{\mu\eta} \longrightarrow\!\!\!\!\to H_1(\tilde{X}) \otimes \Lambda_\eta$$

Étant donné l'isomorphisme de la première partie du Théoreme, il nous suffira de prouver que le diagramme

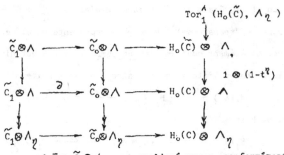

$$\begin{array}{ccc}
H_1(\widetilde{X})\otimes\Lambda_{\mu\eta} & \xrightarrow{\ \simeq\ } & H_1(\Sigma_{\mu\eta}) \\
\Big\downarrow{\scriptstyle 1\otimes\lambda_{\mu\eta}} & & \Big\downarrow \\
H_1(\widetilde{X})\otimes\Lambda_{\mu\eta} & \xrightarrow{\ \simeq\ } & H_1(\Sigma_{\eta})
\end{array}$$

est conmutatif. Mais, ce diagrame se décomposse dans les trois diagrammes suivants:

$$\begin{array}{ccc}
H_1(\widetilde{X})\otimes\Lambda_{\mu\eta} & \longrightarrow & H_1(\widetilde{C}\otimes\Lambda_{\mu\eta}) \\
\Big\downarrow{\scriptstyle 1\otimes\lambda_{\mu\eta}} & & \Big\downarrow{\scriptstyle (1\otimes\lambda_{\mu\eta})_*} \\
H_1(\widetilde{X})\otimes\Lambda_{\eta} & \longrightarrow & H_1(\widetilde{C}\otimes\Lambda_{\eta})
\end{array} \qquad (1)$$

Celui-ci est commutatif étant donné le caractère naturele de la suite de Küneth (Théoreme V.2.1 pg. 172 de [6])

$$\begin{array}{ccc}
H_1(\widetilde{C}\otimes\Lambda_{\mu\eta}) & \xrightarrow{\ \simeq\ } & H_1(\widetilde{X}_{\mu\eta}) \\
\Big\downarrow{\scriptstyle (1\otimes\lambda_{\mu\eta})_*} & & \Big\downarrow \\
H_1(\widetilde{C}\otimes\Lambda_{\eta}) & \xrightarrow{\ \simeq\ } & H_1(\widetilde{X}_{\eta})
\end{array} \qquad (2)$$

dont la commutativité provient de celle du diagramme:

$$\begin{array}{ccc}
H_1(\widetilde{X}) & \xrightarrow{\ p_{\eta *}\ } & H_1(\widetilde{X}_{\eta}) \\
\Big\downarrow{\scriptstyle \cong} & & \Big\downarrow{\scriptstyle \cong} \\
H_1(\widetilde{C}) & \xrightarrow{\ (1\otimes\Lambda_\eta)_*\ } & H_1(\widetilde{C}_{\eta})
\end{array}$$

et le diagramme

$$\begin{array}{ccc}
H_1(\widetilde{X}_{\mu\eta}) & \xrightarrow{\ c_{\mu\eta *}\ } & H_1(\Sigma_{\mu\eta}) \\
\Big\downarrow{\scriptstyle \varphi_{\mu\eta *}} & & \Big\downarrow{\scriptstyle \varphi_{\mu\eta *}} \\
H_1(\widetilde{X}_{\eta}) & \xrightarrow{\ c_{\eta *}\ } & H_1(\Sigma_{\eta})
\end{array} \qquad (3)$$

que l'on obtient en appliquant le foncteur H_1 au diagrame conmutatif d' applications continues

$$\begin{array}{ccc} \tilde{X}_{\mu\eta} & \xrightarrow{\ c_{\mu\eta}\ } & \Sigma_{\mu\eta} \\ \big\downarrow \varphi_{\mu\eta} & & \big\downarrow \varphi_{\mu\eta} \\ \tilde{X}_{\eta} & \xrightarrow{\ c_{\eta}\ } & \Sigma_{\eta} \end{array}$$

Si dans l'isomorphisme de la première partie nous prenons $\eta = 1$ nous aurons $H_1(\tilde{X}) \otimes Z \cong H_1(\Sigma_1)$, mais $\Sigma_1 = S^3$ par construction, d'où:

Corollaire 1: $H_1(\tilde{X}) \otimes Z \cong 0$.

Corollaire 2: Soit $x_\eta = \lambda_\eta(t)$ *avec* $\lambda_\eta : \Lambda \longrightarrow \Lambda_\eta$ *l'épimorphisme canonique. Si* $H_1(\tilde{X}) \otimes \Lambda_\eta$ *est un* Λ_η*-module de torsion, alors:*

i) $Tor_1^\Lambda(H_1(\tilde{X}), \Lambda_\eta) = H_1(\tilde{X})^{H\eta} = 0$

ii) $\Delta_{\Lambda_\eta}(H_1(\tilde{X}) \otimes \Lambda_\eta) = \Delta(x_\eta)$.

Demonstration: En effet:

i) L'isomorphisme fut établie dans le Théoreme 2.2, part b, ainsi que le fait que tous les deux étaient de sousmodules d'un module libre, que nous designerons maintenant F.

Considérons la présentation de $H_1(X)$

$$L_1 \rightarrowtail L_o \twoheadrightarrow H_1(X)$$

d'où la suite exacte:

$$Tor_1^\Lambda(H_1(\tilde{X}), \Lambda_\eta) \rightarrowtail L_1 \otimes \Lambda_\eta \longrightarrow L_o \otimes \Lambda_\eta \twoheadrightarrow H_1(\tilde{X}) \otimes \Lambda_\eta \qquad (*)$$

et, compte tenu que les $L_1 \otimes \Lambda_\eta$ et $L_o \otimes \Lambda_\eta$ sont libres sur Λ_η ainsi que de même rang fini, nous déduisons que si $H_1(\tilde{X}) \otimes \Lambda_\eta$ est un module de torsion, alors $Tor_1^\Lambda(H_1(\tilde{X}), \Lambda_\eta)$ l'est aussi.

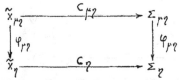

Supposons que $M = \mathrm{Tor}_1^{\Lambda}(H_1(\tilde{X}), \Lambda_\eta)$ est de torsion, comme $M \subset F$ nous obtenons du diagramme commutatif naturel·

$$\begin{array}{ccc} M & \subset & F \\ i\big\downarrow & & \big\downarrow j \\ M \otimes Q(\Lambda) & \subset & F \otimes Q(\Lambda) \end{array}$$

avec j l'injection cononique, que i est une injection, mais $M \otimes Q(\Lambda) = 0$.

ii) La suite (*) de i) nous dit que $H_1(\tilde{X}) \otimes \Lambda_\eta$ est de dimension projective 1 sur Λ_η, d'òu l'existence du diviseur de Cartier ponctuel $\Delta_{\Lambda_\eta}(H_1(\tilde{X}) \otimes \Lambda_\eta)$. D'un autre coté le caractère fonctoriel du divisieur de Cartier ([8]pg. 107) sur l'epimorphisme $\lambda_\eta : \Lambda \twoheadrightarrow \Lambda_\eta$ nous détermine l'égalité.

Pour finir, signalons que il serait intéressant de developper un étude analogue dans,les cas d'un link, c'est-à-dire celui dans lequel $Z[H]$ est l'anneau des séries de Laurent finies en plusieurs variables $Z[t_1,\ldots, t_s, t_1^{-1},\ldots, t_s^{-1}]$. Si la théorie des schémas semble utile pour une telle étude, au moins par rapport aux constructions formelles, le problème se revèle difficile en ce qui concerne la structure algébrique de $Z[H]$.

BIBLIOGRAPHIE

1. Crowell R. H.: a) Corresponding group and module sequences. Nagoya Math. Journal, 19(1961), pp 27-40

b) Torsion in link modules. J. Math. Mech. 14(1965).

c) The Derived Module of a Homomorphism. Advances in Math. 6(1971) pp. 210-238.

2. Crowell / Fox: Introduction to Knot theory. Ginn-Blaisdell, New York, 1963

3. Dieudonne / Grothendieck: E.G.A. Elements de Geometrie Algebrique. I.H.E.S., P.V.F., Paris 19(1962).

4. Fox, R. H.: a) Free Differential Calculus. III Subgroups. Ann. Math. 64(1956) pp. 407-419.

b) Coverings Spaces with sigularities "Lefschetz Symposium". Princenton Math. Ser. 12, 91957).

c) The homology characters of the cyclic coverings of the knots of genus one. Ann. of Math. 71(1960) pp. 187-196.

5. Godement, R.: Theorie des Faisceaux. Herman, Paris 1956.

6. Hilton / Stambach: A course in homological Algebra. Springer-Verlag, Berlin, 1972.

7. Milnor, J. W.: a) A duality theorem for Reidemeister Torsion. Ann. of Math. Vol 76(1962), 137-147.

b) Infinite cyclic coverings. Conference on the topology of Manifolds, vol 13 (1958) pp. 115-133.

c) Singular points of Complex hipersurfaces. Ann. Math. Studies N. t1 1968. Princenton Uni. Press N. J.

8. Munfor, D.: Geometric Invariant theory, Ergebnisse der Math. Springer-Verlag, Berlin 1965.

9. Neuwirth, L. P.: Knot Groups. Ann. Math. Studies Nº 56, Princenton Univ. Press. N.J. 1965.

Vol. 215: P. Antonelli, D. Burghelea and P. J. Kahn, The Concordance-Homotopy Groups of Geometric Automorphism Groups. X, 140 pages. 1971. DM 16,-

Vol. 216: H. Maaß, Siegel's Modular Forms and Dirichlet Series. VII, 328 pages. 1971. DM 20,-

Vol. 217: T. J. Jech, Lectures in Set Theory with Particular Emphasis on the Method of Forcing. V, 137 pages. 1971. DM 16,-

Vol. 218: C. P. Schnorr, Zufälligkeit und Wahrscheinlichkeit. IV, 212 Seiten. 1971. DM 20,-

Vol. 219: N. L. Alling and N. Greenleaf, Foundations of the Theory of Klein Surfaces. IX, 117 pages. 1971. DM 16,-

Vol. 220: W. A. Coppel, Disconjugacy. V, 148 pages. 1971. DM 16,-

Vol. 221: P. Gabriel und F. Ulmer, Lokal präsentierbare Kategorien. V, 200 Seiten. 1971. DM 18,-

Vol. 222: C. Meghea, Compactification des Espaces Harmoniques. III, 108 pages. 1971. DM 16,-

Vol. 223: U. Felgner, Models of ZF-Set Theory. VI, 173 pages. 1971. DM 16,-

Vol. 224: Revêtements Etales et Groupe Fondamental. (SGA 1). Dirigé par A. Grothendieck XXII, 447 pages. 1971. DM 30,-

Vol. 225: Théorie des Intersections et Théorème de Riemann-Roch. (SGA 6). Dirigé par P. Berthelot, A. Grothendieck et L. Illusie. XII, 700 pages. 1971. DM 40,-

Vol. 226: Seminar on Potential Theory, II. Edited by H. Bauer. IV, 170 pages. 1971. DM 18,-

Vol. 227: H. L. Montgomery, Topics in Multiplicative Number Theory. IX, 178 pages. 1971. DM 18,-

Vol. 228: Conference on Applications of Numerical Analysis. Edited by J. Ll. Morris. X, 358 pages. 1971. DM 26,-

Vol. 229: J. Väisälä, Lectures on n-Dimensional Quasiconformal Mappings. XIV, 144 pages. 1971. DM 16,-

Vol. 230: L. Waelbroeck, Topological Vector Spaces and Algebras. VII, 158 pages. 1971. DM 16,-

Vol. 231: H. Reiter, L^1-Algebras and Segal Algebras. XI, 113 pages. 1971. DM 16,-

Vol. 232: T. H. Ganelius, Tauberian Remainder Theorems. VI, 75 pages. 1971. DM 16,-

Vol. 233: C. P. Tsokos and W. J. Padgett. Random Integral Equations with Applications to stochastic Systems. VII, 174 pages. 1971. DM 18,-

Vol. 234: A. Andreotti and W. Stoll. Analytic and Algebraic Dependence of Meromorphic Functions. III, 390 pages. 1971. DM 26,-

Vol. 235: Global Differentiable Dynamics. Edited by O. Hájek, A. J. Lohwater, and R. McCann. X, 140 pages. 1971. DM 16,-

Vol. 236: M. Barr, P. A. Grillet, and D. H. van Osdol. Exact Categories and Categories of Sheaves. VII, 239 pages. 1971. DM 20,-

Vol. 237: B. Stenström, Rings and Modules of Quotients. VII, 136 pages. 1971. DM 16,-

Vol. 238: Der kanonische Modul eines Cohen-Macaulay-Rings. Herausgegeben von Jürgen Herzog und Ernst Kunz. VI, 103 Seiten. 1971. DM 16,-

Vol. 239: L. Illusie, Complexe Cotangent et Déformations I. XV, 355 pages. 1971. DM 26,-

Vol. 240: A. Kerber, Representations of Permutation Groups I. VII, 192 pages. 1971. DM 18,-

Vol. 241: S. Kaneyuki, Homogeneous Bounded Domains and Siegel Domains. V, 89 pages. 1971. DM 16,-

Vol. 242: R. R. Coifman et G. Weiss, Analyse Harmonique Non-Commutative sur Certains Espaces. V, 160 pages. 1971. DM 16,-

Vol. 243: Japan-United States Seminar on Ordinary Differential and Functional Equations. Edited by M. Urabe. VIII, 332 pages. 1971. DM 26,-

Vol. 244: Séminaire Bourbaki – vol. 1970/71. Exposés 382–399. IV, 356 pages. 1971. DM 26,-

Vol. 245: D. E. Cohen, Groups of Cohomological Dimension One. V, 99 pages. 1972. DM 16,-

Vol. 246: Lectures on Rings and Modules. Tulane University Ring and Operator Theory Year, 1970–1971. Volume I. X, 661 pages. 1972. DM 40,-

Vol. 247: Lectures on Operator Algebras. Tulane University Ring and Operator Theory Year, 1970–1971. Volume II. XI, 786 pages. 1972. DM 40,-

Vol. 248: Lectures on the Applications of Sheaves to Ring Theory. Tulane University Ring and Operator Theory Year, 1970–1971. Volume III. VIII, 315 pages. 1971. DM 26,-

Vol. 249: Symposium on Algebraic Topology. Edited by P. J. Hilton. VII, 111 pages. 1971. DM 16,-

Vol. 250: B. Jónsson, Topics in Universal Algebra. VI, 220 pages. 1972. DM 20,-

Vol. 251: The Theory of Arithmetic Functions. Edited by A. A. Gioia and D. L. Goldsmith VI, 287 pages. 1972. DM 24,-

Vol. 252: D. A. Stone, Stratified Polyhedra. IX, 193 pages. 1972. DM 18,-

Vol. 253: V. Komkov, Optimal Control Theory for the Damping of Vibrations of Simple Elastic Systems. V, 240 pages. 1972. DM 20,-

Vol. 254: C. U. Jensen, Les Foncteurs Dérivés de $\varprojlim$ et leurs Applications en Théorie des Modules. V, 103 pages. 1972. DM 16,-

Vol. 255: Conference in Mathematical Logic – London '70. Edited by W. Hodges. VIII, 351 pages. 1972. DM 26,-

Vol. 256: C. A. Berenstein and M. A. Dostal, Analytically Uniform Spaces and their Applications to Convolution Equations. VII, 130 pages. 1972. DM 16,-

Vol. 257: R. B. Holmes, A Course on Optimization and Best Approximation. VIII, 233 pages. 1972. DM 20,-

Vol. 258: Séminaire de Probabilités VI. Edited by P. A. Meyer. VI, 253 pages. 1972. DM 22,-

Vol. 259: N. Moulis, Structures de Fredholm sur les Variétés Hilbertiennes. V, 123 pages. 1972. DM 16,-

Vol. 260: R. Godement and H. Jacquet, Zeta Functions of Simple Algebras. IX, 188 pages. 1972. DM 18,-

Vol. 261: A. Guichardet, Symmetric Hilbert Spaces and Related Topics. V, 197 pages. 1972. DM 18,-

Vol. 262: H. G. Zimmer, Computational Problems, Methods, and Results in Algebraic Number Theory. V, 103 pages. 1972. DM 16,-

Vol. 263: T. Parthasarathy, Selection Theorems and their Applications. VII, 101 pages. 1972. DM 16,-

Vol. 264: W. Messing, The Crystals Associated to Barsotti-Tate Groups: With Applications to Abelian Schemes. III, 190 pages. 1972. DM 18,-

Vol. 265: N. Saavedra Rivano, Catégories Tannakiennes. II, 418 pages. 1972. DM 26,-

Vol. 266: Conference on Harmonic Analysis. Edited by D. Gulick and R. L. Lipsman. VI, 323 pages. 1972. DM 24,-

Vol. 267: Numerische Lösung nichtlinearer partieller Differential- und Integro-Differentialgleichungen. Herausgegeben von R. Ansorge und W. Törnig, VI, 339 Seiten. 1972. DM 26,-

Vol. 268: C. G. Simader, On Dirichlet's Boundary Value Problem. IV, 238 pages. 1972. DM 20,-

Vol. 269: Théorie des Topos et Cohomologie Etale des Schémas. (SGA 4). Dirigé par M. Artin, A. Grothendieck et J. L. Verdier. XIX, 525 pages. 1972. DM 50,-

Vol. 270: Théorie des Topos et Cohomologie Etale des Schémas. Tome 2. (SGA 4). Dirigé par M. Artin, A. Grothendieck et J. L. Verdier. V, 418 pages. 1972. DM 50,-

Vol. 271: J. P. May, The Geometry of Iterated Loop Spaces. IX, 175 pages. 1972. DM 18,-

Vol. 272: K. R. Parthasarathy and K. Schmidt, Positive Definite Kernels, Continuous Tensor Products, and Central Limit Theorems of Probability Theory. VI, 107 pages. 1972. DM 16,-

Vol. 273: U. Seip, Kompakt erzeugte Vektorräume und Analysis. IX, 119 Seiten. 1972. DM 16,-

Vol. 274: Toposes, Algebraic Geometry and Logic. Edited by. F. W. Lawvere. VI, 189 pages. 1972. DM 18,-

Vol. 275: Séminaire Pierre Lelong (Analyse) Année 1970–1971. VI, 181 pages. 1972. DM 18,-

Vol. 276: A. Borel, Représentations de Groupes Localement Compacts. V, 98 pages. 1972. DM 16,-

Vol. 277: Séminaire Banach. Edité par C. Houzel. VII, 229 pages. 1972. DM 20,-

Vol. 278: H. Jacquet, Automorphic Forms on GL(2). Part II. XIII, 142 pages. 1972. DM 16,–

Vol. 279: R. Bott, S. Gitler and I. M. James, Lectures on Algebraic and Differential Topology. V, 174 pages. 1972. DM 18,–

Vol. 280: Conference on the Theory of Ordinary and Partial Differential Equations. Edited by W. N. Everitt and B. D. Sleeman. XV, 367 pages. 1972. DM 26,–

Vol. 281: Coherence in Categories. Edited by S. Mac Lane. VII, 235 pages. 1972. DM 20,–

Vol. 282: W. Klingenberg und P. Flaschel, Riemannsche Hilbertmannigfaltigkeiten. Periodische Geodätische. VII, 211 Seiten. 1972. DM 20,–

Vol. 283: L. Illusie, Complexe Cotangent et Déformations II. VII, 304 pages. 1972. DM 24,–

Vol. 284: P. A. Meyer, Martingales and Stochastic Integrals I. VI, 89 pages. 1972. DM 16,–

Vol. 285: P. de la Harpe, Classical Banach-Lie Algebras and Banach-Lie Groups of Operators in Hilbert Space. III, 160 pages. 1972. DM 16,–

Vol. 286: S. Murakami, On Automorphisms of Siegel Domains. V, 95 pages. 1972. DM 16,–

Vol. 287: Hyperfunctions and Pseudo-Differential Equations. Edited by H. Komatsu. VII, 529 pages. 1973. DM 36,–

Vol. 288: Groupes de Monodromie en Géométrie Algébrique. (SGA 7 I). Dirigé par A. Grothendieck. IX, 523 pages. 1972. DM 50,–

Vol. 289: B. Fuglede, Finely Harmonic Functions. III, 188. 1972. DM 18,–

Vol. 290: D. B. Zagier, Equivariant Pontrjagin Classes and Applications to Orbit Spaces. IX, 130 pages. 1972. DM 16,–

Vol. 291: P. Orlik, Seifert Manifolds. VIII, 155 pages. 1972. DM 16,–

Vol. 292: W. D. Wallis, A. P. Street and J. S. Wallis, Combinatorics: Room Squares, Sum-Free Sets, Hadamard Matrices. V, 508 pages. 1972. DM 50,–

Vol. 293: R. A. DeVore, The Approximation of Continuous Functions by Positive Linear Operators. VIII, 289 pages. 1972. DM 24,–

Vol. 294: Stability of Stochastic Dynamical Systems. Edited by R. F. Curtain. IX, 332 pages. 1972. DM 26,–

Vol. 295: C. Dellacherie, Ensembles Analytiques, Capacités, Mesures de Hausdorff. XII, 123 pages. 1972. DM 16,–

Vol. 296: Probability and Information Theory II. Edited by M. Behara, K. Krickeberg and J. Wolfowitz. V, 223 pages. 1973. DM 20,–

Vol. 297: J. Garnett, Analytic Capacity and Measure. IV, 138 pages. 1972. DM 16,–

Vol. 298: Proceedings of the Second Conference on Compact Transformation Groups. Part 1. XIII, 453 pages. 1972. DM 32,–

Vol. 299: Proceedings of the Second Conference on Compact Transformation Groups. Part 2. XIV, 327 pages. 1972. DM 26,–

Vol. 300: P. Eymard, Moyennes Invariantes et Représentations Unitaires. II. 113 pages. 1972. DM 16,–

Vol. 301: F. Pittnauer, Vorlesungen über asymptotische Reihen. VI, 186 Seiten. 1972. DM 18,–

Vol. 302: M. Demazure, Lectures on p-Divisible Groups. V, 98 pages. 1972. DM 16,–

Vol. 303: Graph Theory and Applications. Edited by Y. Alavi, D. R. Lick and A. T. White. IX, 329 pages. 1972. DM 26,–

Vol. 304: A. K. Bousfield and D. M. Kan, Homotopy Limits, Completions and Localizations. V, 348 pages. 1972. DM 26,–

Vol. 305: Théorie des Topos et Cohomologie Etale des Schémas. Tome 3. (SGA 4). Dirigé par M. Artin, A. Grothendieck et J. L. Verdier. VI, 640 pages. 1973. DM 50,–

Vol. 306: H. Luckhardt, Extensional Gödel Functional Interpretation. VI, 161 pages. 1973. DM 18,–

Vol. 307: J. L. Bretagnolle, S. D. Chatterji et P.-A. Meyer, Ecole d'été de Probabilités: Processus Stochastiques. VI, 198 pages. 1973. DM 20,–

Vol. 308: D. Knutson, λ-Rings and the Representation Theory of the Symmetric Group. IV, 203 pages. 1973. DM 20,–

Vol. 309: D. H. Sattinger, Topics in Stability and Bifurcation Theory. VI, 190 pages. 1973. DM 18,–

Vol. 310: B. Iversen, Generic Local Structure of the Morphisms in Commutative Algebra. IV, 108 pages. 1973. DM 16,–

Vol. 311: Conference on Commutative Algebra. Edited by J. W. Brewer and E. A. Rutter. VII, 251 pages. 1973. DM 22,–

Vol. 312: Symposium on Ordinary Differential Equations. Edited by W. A. Harris, Jr. and Y. Sibuya. VIII, 204 pages. 1973. DM 22,–

Vol. 313: K. Jörgens and J. Weidmann, Spectral Properties of Hamiltonian Operators. III, 140 pages. 1973. DM 16,–

Vol. 314: M. Deuring, Lectures on the Theory of Algebraic Functions of One Variable. VI, 151 pages. 1973. DM 16,–

Vol. 315: K. Bichteler, Integration Theory (with Special Attention to Vector Measures). VI, 357 pages. 1973. DM 26,–

Vol. 316: Symposium on Non-Well-Posed Problems and Logarithmic Convexity. Edited by R. J. Knops. V, 176 pages. 1973. DM 18,–

Vol. 317: Séminaire Bourbaki – vol. 1971/72. Exposés 400–417. IV, 361 pages. 1973. DM 26,–

Vol. 318: Recent Advances in Topological Dynamics. Edited by A. Beck, VIII, 285 pages. 1973. DM 24,–

Vol. 319: Conference on Group Theory. Edited by R. W. Gatterdam and K. W. Weston. V, 188 pages. 1973. DM 18,–

Vol. 320: Modular Functions of One Variable I. Edited by W. Kuyk. V, 195 pages. 1973. DM 18,–

Vol. 321: Séminaire de Probabilités VII. Edité par P. A. Meyer. VI, 322 pages. 1973. DM 26,–

Vol. 322: Nonlinear Problems in the Physical Sciences and Biology. Edited by I. Stakgold, D. D. Joseph and D. H. Sattinger. VIII, 357 pages. 1973. DM 26,–

Vol. 323: J. L. Lions, Perturbations Singulières dans les Problèmes aux Limites et en Contrôle Optimal. XII, 645 pages. 1973. DM 42,–

Vol. 324: K. Kreith, Oscillation Theory. VI, 109 pages. 1973. DM 16,–

Vol. 325: Ch.-Ch. Chou, La Transformation de Fourier Complexe et L'Equation de Convolution. IX, 137 pages. 1973. DM 16,–

Vol. 326: A. Robert, Elliptic Curves. VIII, 264 pages. 1973. DM 22,–

Vol. 327: E. Matlis, 1-Dimensional Cohen-Macaulay Rings. XII, 157 pages. 1973. DM 18,–

Vol. 328: J. R. Büchi and D. Siefkes, The Monadic Second Order Theory of All Countable Ordinals. VI, 217 pages. 1973. DM 20,–

Vol. 329: W. Trebels, Multipliers for (C, α)-Bounded Fourier Expansions in Banach Spaces and Approximation Theory. VII, 103 pages. 1973. DM 16,–

Vol. 330: Proceedings of the Second Japan-USSR Symposium on Probability Theory. Edited by G. Maruyama and Yu. V. Prokhorov. VI, 550 pages. 1973. DM 36,–

Vol. 331: Summer School on Topological Vector Spaces. Edited by L. Waelbroeck. VI, 226 pages. 1973. DM 20,–

Vol. 332: Séminaire Pierre Lelong (Analyse) Année 1971-1972. V, 131 pages. 1973. DM 16,–

Vol. 333: Numerische, insbesondere approximationstheoretische Behandlung von Funktionalgleichungen. Herausgegeben von R. Ansorge und W. Törnig. VI, 296 Seiten. 1973. DM 24,–

Vol. 334: F. Schweiger, The Metrical Theory of Jacobi-Perron Algorithm. V, 111 pages. 1973. DM 16,–

Vol. 335: H. Huck, R. Roitzsch, U. Simon, W. Vortisch, R. Walden, B. Wegner und W. Wendland, Beweismethoden der Differentialgeometrie im Großen. IX, 159 Seiten. 1973. DM 18,–

Vol. 336: L'Analyse Harmonique dans le Domaine Complexe. Edité par E. J. Akutowicz. VIII, 169 pages. 1973. DM 18,–

Vol. 337: Cambridge Summer School in Mathematical Logic. Edited by A. R. D. Mathias and H. Rogers. IX, 660 pages. 1973. DM 42,–

Vol. 338: J. Lindenstrauss and L. Tzafriri, Classical Banach Spaces. IX, 243 pages. 1973. DM 22,–

Vol. 339: G. Kempf, F. Knudsen, D. Mumford and B. Saint-Donat, Toroidal Embeddings I. VIII, 209 pages. 1973. DM 20,–

Vol. 340: Groupes de Monodromie en Géométrie Algébrique. (SGA 7 II). Par P. Deligne et N. Katz. X, 438 pages. 1973. DM 40,–

Vol. 341: Algebraic K-Theory I, Higher K-Theories. Edited by H. Bass. XV, 335 pages. 1973. DM 26,–

Vol. 342: Algebraic K-Theory II, "Classical" Algebraic K-Theory, and Connections with Arithmetic. Edited by H. Bass. XV, 527 pages. 1973. DM 36,–